金商道

The positive thinker sees the invisible, feels the intangible, and achieves the impossible.

惟正向思考者，能察於未見，感於無形，達於人所不能。——佚名

The Alchemy of
Financial Best Practices

財務煉金術

經理人必修，無門檻學習企業財務力

謝劍平——著

理論實踐型學者．台灣科技大學財務金融所教授
前中華電信財務長兼發言人

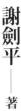

I would like to dedicate this book to my loving and supportive wife, Serina, my two wonderful children, Jeffrey and Benjamin , who provided unending inspiration while striving for their own entrepreneurial dreams, my daughter-in-law, Maggie, and our first born granddaughter, Kristine, for bringing endless joy to our family.

序　財務就是企業最好的煉金術

我教過的一位學生告訴我一個故事。有一天念小學的兒子突然跟他說：「爸爸，我好羨慕姐姐喔！」奇怪，讀國中的姐姐有什麼好羨慕的？小男生回答：「因為等我和姐姐一樣大，我就可以自己拿錢，到便利商店買東西吃呀！」是啊，從意識到金錢魔力的那一刻起，終其一生，我們都難以擺脫金錢的操控。以前人們喜歡說「錢財乃身外之物」，生不帶來，死不帶去，談錢俗氣；但問題是，在這一生中的數十年歲月，金錢不只影響了生活，甚至還決定了生存。同樣地，我也在很年輕的時候就意識到錢的重要，所以一頭栽進財務領域直到今日。一開始在大學當老師，教的是投資、更是財務；後來直接下海到產業實戰，做的也是財務工作；特別是擔任上市公司財務長期間，因為公司規模夠大，除了有機會運用所學，也深刻體會到，財務的決定很可能會左右公司的命運。現在，我再度回到大學任教，除了出版及修訂教科書、持續參與上市公司董事會的運作，我更想做的是撰寫一本淺顯易懂的財務策略書，將理論與實務完美融合，讓更多非財務出身的經理人，也能對於財務力運用自如。

在擔任財務與投資負責人期間，我發現，在台灣有許多財務人還停留在記帳士階段；公司對於財務部門的要求，也只是管管帳、調調錢，和金融機構泡茶喝咖啡。這實在可惜了！因為從公司整體的角度看，可運用的財務資源其實並不少，但由於方法太守舊，效益根本無從充分發揮。舉例來說，該不該用財務槓桿？怎麼用？怎樣取得國內外資金讓成本降低？千萬別以為做不做結果應該差不多，付出的機會成本並不小，無視財務力的代價是股東的權益永遠無法極大化。此外，從財務部門的角度來看，如果企業文化太保守，完全不考慮更高端的財務策略如併購、融資收購等方式，這又如何提升公司競爭力？如何創造公司價值？要是能活用財務的各項技術，財務本身就是企業最好的煉金術。

在這個網際網路與人工智慧的新世代，企業營運也有了新風貌。當年，微軟（Microsoft）好不容易才主宰了全世界的電腦，接著，Google稱霸搜尋引擎，而後，蘋果（Apple）迅速席捲智慧手機產業。企業壯大所需的時間越來越短，相對地，毀滅衰敗的機率也越來越高。這是一個從視野就開始決勝負的年代，經理人的眼界決定了公司發展的方向，更決定了未來的成敗。財務與投資更扮演著關鍵的角色，如果還只將財務當成是財務部門的小事，很可能會有大麻煩。綜觀國際知名企業，不論是Google或蘋果，海外賦稅布局已經是標準配備，對於華爾街分析師來說，這樣的安排對於公司的競爭力也大大加分。以蘋果為例，每年靠新手機賺進大把鈔票，為什麼還要借錢發放股利？明明這麼賺錢，為什麼還需要舉債？看似奇怪，背後隱含的是高超的財務操作。

再舉一例，亞馬遜（Amazon）穩坐線上電子商務龍頭，為了確保長期地位，高價併購全食超市（Whole Foods Market），積極整合線上線下，如果事先沒有縝密的財務運作，一切都是空談。日本軟體銀行的創辦人孫正義，同樣喜愛透過高槓桿與高風險的融資收購，用外在成長的方式讓企業迅速坐大，使競爭者望塵莫及，靠的也是財務力。這些案例都一再說明，財務力是企業不可或缺的重要利器，身為財務人，不能只是消極擔心風險，更應該具有積極管理風險的能力，本書詳細剖析大量真實案例，相信可以大大擴展經理人的視野，透過財務方法與工具，完成原本以為不可能的任務。

《富比士》（*Forbes*）統計，美國財富五百大（Fortune 500）企業的執行長，都擁有強大的財務背景，八〇%的執行長在之前的職涯曾於財務相關領域歷練多年。國外公司早就將財務力視為提升競爭力的關鍵，大手大腳運用財務槓桿，在競爭的過程中，除了打敗對手，還可以運用財務力買下對手；那麼，台灣的企業呢？面對大國之間的角力與博奕，我們需要透過財務力，用更多元、更具侵略性的財務策略幫助公司創造價值。宋代大文豪蘇東坡在赤壁心生感慨：「大江東去，浪淘盡，千古風流人物。故壘西邊，人道是，三國周郎赤壁。亂石崩雲，驚濤裂岸，捲起千堆雪；江山如畫，一時多少豪傑。」新時代的開始，伴隨著新英雄的崛起，當外在的環境已不復以往，如同大江中亂石崩雲、變動的浪花，既是機會也是危機，可裂岸亦可激起千堆雪。當世代加速輪替，如何繼續保有競爭力成為贏家，考驗著各家經理人的智慧，切記：常勝者寡，與時俱進，才能成就百年基業。

在生活上，我們很重視財務，但是在企業裡，財務卻經常被忽視，可不是嗎？人們常說的「產、銷、人、發、財」五管，財務排在最後一位；但我特別想強調的是，在企業經營的過程中，財務力應該擺第一。希望這本書可以帶給台灣企業界不一樣的財務思維，幫助公司提升財務力，達成股東價值極大化的公司使命。財務力應該是企業在順風時的煉金術，在逆風時的求生術，甚至是企業永續經營的護城河。魔鬼藏在細節裡？不，魔鬼藏在財務裡！親愛的，問題可能不在經濟，在財務！

最後，感謝宏哲、明辰、俊一，三位助理及勝傑老師熱心協助本書的資料整理、分析與校稿。也要感謝《商業周刊》支持出版實用財務書籍，還有出版部余幸娟總編輯、張勝宗協理、林雲主編的團隊全力協助出版。本書期望透過以財務為眼，洞悉企業經營策略，萃取其中奧妙，為讀者帶來不同的視野。

謝劍平於 Babson College, Boston

二〇一八年六月

導讀　八招提升企業財務力

在本書最後的撰寫階段，我正在全球最知名的創業教育學院「Babson College」進修，我發現這裡的老師多為理論與實務兼具的學者。同時也任教職、一直以來，我在大學裡教學與研究，加上歷經兆豐金控、中華電信、中華投資等十數年歷練，讓我對於理論與實踐的感觸更為深刻。這幾年更強烈感受到產業型態、經營模式不斷變化，從前，大多為單一產品，講求的是生產效率；現在，多樣性、策略化經營才更符合大勢所趨。鴻海一開始只生產低階的連接器，但現在的經營模式、策略、規模已不可同日而語。鴻海不斷地進化，造就了今天的跨國規模，其他企業呢？儘管國內企業並不乏競爭力，但經營者卻忽略了在追求生產效率、降低成本的同時，還有品牌管理、營運模式創新、國際化、強化董事會運作等課題，唯有跳脫傳統的思維，才有可能帶領企業進入下一個世代。

過去，我在哈佛商學院（Harvard Business School）研習時，感受到該校著名的課程「個案研究」中，不僅解決個案的問題，更重視財務與策略的結合。因此，在這本書中，我將從財務理論與企業經營的實務，淬鍊出八大招式，透過一招又一招的財務煉金術，帶領經理人一步又一步用財務力點石成金。

第一招：商業力結合財務力——制定最適合財務策略

財務策略不可單一而行，而應與企業的商業力雙劍合璧，才能效果加乘。傳統經營模式中，財務、產品等策略缺少連結，大大削弱競爭力。

第二招：財報分析實務與運用——公司營運的儀表板

財務報表上的數字就像企業營運的健檢報告，但大部分經理人只看每股盈餘、債務狀況等簡單的財務數據報告，而非透過這些數字的指引，診斷與評估公司的策略方向。以上兩個招式是基本功，看似簡單，卻容易忽略，唯有財務力與商業力結合，才是成功煉金的第一步。

第三招：公司投資決策——與營運策略相得益彰

正式進入該如何透過財務力，提升企業價值的方法。企業資本支出的規畫與預算案的分析評估，是企業永續經營的關鍵。其中包括預算的執行，是不是有足夠的報酬率？資金該如何運用？執行投資時該有哪些紀律？我在研究與參與實務的過程中，發現在做投資決策前，往往缺乏詳細的投資評估；執行後，也鮮少持續追蹤投資效益。

第四招：公司資金管理與股利政策——資金的來源與去向

我觀察到一般企業在資金的使用與獲取間常無法取得平衡。企業資金來源與股利發放間，存在著擴張與防禦的關係。究竟該不該發股利，該如何發放股利，在傳統的經營模式中缺乏整合性分析。

第五招：跨國營運財務管理——匯率風險管理

對台灣這樣以外貿為主的經濟體尤為重要，因為大量外幣交易是公司日常業務，牽涉到匯率，直覺上會想到避險。避險不過就是操作外匯嗎？當然不是。避險策略的規畫應該更全面，評估是否避險時，應考量企業營收的多寡。如鴻海、華碩、台積電等大型企業，海外應收付帳款很多，需要謹慎考量避險策略。但對於像ＩＣ設計產業，高毛利，海外營收較低的企業，是否一定要避險，就有討論的空間。在避險策略上還須評估的有：採用區域還是中央統一避險架構？使用哪些幣別避險？避險的比例應該是多少？以上三大招式，在以往傳統的營運中，屬於財務部門最常見的職責，也是提升企業價值的基礎。

第六招：企業價值評估——如何知道企業價值提升了

開始進入進階的財務策略。一般董事會重視股價，但對於企業價值的評估過程卻缺乏了解。如果能了解評估價值的過程，經理人就可以找出影響企業價值的關鍵，精準採行足以提高企業價值的策略，將來如果要併購、買回庫藏股時，也較有決策的依據。

第七招：併購提升公司價值——積極的公司成長策略

這是財務領域中的一門藝術，也是高端的策略。董事會看似找不到併購標的、不知道如何運作併購，其實都是因為缺乏策略性作為。整體的策略包括如何選擇標的，併購的綜效評估，合併後的整合等。在既有的企業價值評估能力下，同時考慮未來企業的營運目標與大方針，才能做出成功的併購，董事會應該加強這一方面的討論與執行。學習以上兩大進階招式，企業才能立穩根基不斷擴張。

第八招：公司治理——經營的基本功

通常企業會以為定期發布各類重大訊息，例如在股東會「通過資產取得與處分辦法」，接著發布重大訊息，就有做到公司治理。但其實公司治理是決定企業存續與無形競爭力的重大關鍵。如何防止經營上的弊端，落實董事會的運作，怎樣激勵經理人等，都屬於公司治理的範疇。良好的公司治理，才能讓企業達到最適狀態，使股東價值最大化。

本書章節架構

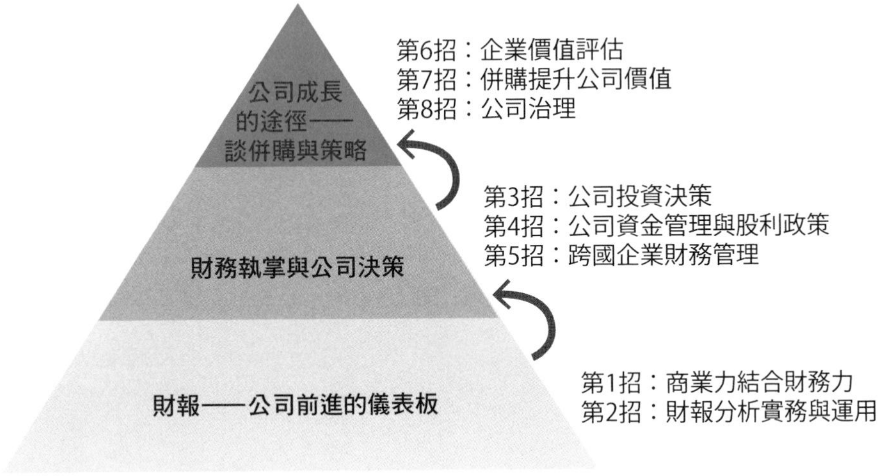

不論你是不是財務經理人，都值得讀一讀這本書：

1. **財務經理人**：對於財務從業人員及財務經理人而言，本書的許多觀念或許已經是日常工作，但本書提供一套完整的架構，包括金融趨勢、商業環境策略、財務數字之解讀能力以及企業價值評估，運用財務決策能力提高企業價值；並提供方法，檢視公司內部在財務策略執行上是否有相對不足的部分，並讓公司持續強化財務力。

2. **非財務經理人**（像是品牌、產品、行銷、生產等經理人）：

在財務力已成為公司重要競爭力的現在，對於財務策略內涵的解讀以及跨部門的策略擬定，都將成為創造企業價值的基礎。因此，本書強烈建議非財務部門之經理人同樣需要熟捻公司的財務策略。本書內容探討財務策略與企業價值提升、財務策略與企業價值等相關知識，並且通過八大招式的鍛練，建構基礎財務策略的架構與應用，除了提升企業競爭力，甚至可以應用於職場。

本書內容著重當代企業財務力的實踐，以及各式提升公司價值的財務策略，沒有艱深的財務理論、不需要會計背景，且輔以大量的案例說明，讓讀者輕鬆學會真正的財務煉金術。現在，就讓我們從第一招開始吧！

目次

第7章 併購提升公司價值——積極的公司成長策略

第8章　公司治理——經營的基本功

第 1 章

商業力結合財務力——制定最適合財務策略

【案例】科技正在改變人類的社會與經濟型態

在二〇一八年，類「計程車服務」、媒合司機和乘客的 Uber 正式宣布全球搭乘趟次突破一百億；提供短期房間出租平台的 Airbnb 也宣布，全球曾有三億人住過 Airbnb 上的房源。Uber 與 Airbnb 堪稱共享經濟中最具代表性的獨角獸企業*，皆預計在接下來兩年內公開上市，其中 Uber 預估市值超過六百億美元，Airbnb 則超過三百億美元。根據研究機構 PwC 的預測，共享經濟的產值到二〇二五年將有三千三百五十億美元。

共享經濟為什麼影響這麼大？共享經濟是一種全新的經濟型態，打破了傳統商業供給方需要擁有資產與人力資源才能滿足消費者的商業邏輯。這樣的新型態標誌著兩大革命性的意義：一是未被滿足的需求與閒置的資源將被引發並滿足，進而讓整體社會的福祉提升；二是當人們不必花錢去購買資源（汽車），就可利用共享平台享有服務，提高社會全體的可支配收入

除了共享經濟帶來應用面上的改變，新科技的發展如人工智慧，更加不可忽視。根據研究機構 Gartner 的預估，二〇二二年時，人工智慧的相關產值將有三・九兆美

＊意指市場預估價值超過十億美元的新創公司。

元。Uber 積極發展的無人駕駛車，即為人工智慧的應用之一。還有區塊鏈的發展，也將顛覆現有產業。以前述的 Airbnb、Uber 為例，透過具區塊鏈技術的「智慧合約」，將不需要中介平台，消費者可直接與來源進行交易，並透過智慧合約完成租賃手續。受到人工智慧、區塊鏈影響的行業將越來越多、越來越廣，當代的專業經理人要隨時保有新思維、調整經營策略。

一個令人好奇的問題是，為什麼這些新科技在這幾年開始蓬勃發展，加速了對社會的改變？筆者認為有幾個原因：首先是移動網際網路的穩定性與速度、加上智慧型手機的普及，便不需中間的代理、通路商等，如此一來便可即時的媒合供需雙方，提供增值的服務，促成共享經濟的發展。再來，像是人工智慧、區塊鏈、互聯網、機器人學習，其背後的核心要素主要來自於更強大的計算晶片，以及進入網路時代之後，更簡易搜集資訊的技術架構和運用長期累積的大數據，使得這些技術工具更具威力，終得影響各行各業。

除了了解科技帶來的經濟影響外，縱觀全球經濟發展趨勢，筆者認為，未來「經濟低成長率」將成為世界的經濟常態。經濟增長主要有兩大動力：人口紅利與技術創新。分析各國的人口結構以及目前狀況可以發現一個明顯的趨勢，世界的先進國家諸如歐美各國、日本、台灣，甚至連中國，都邁向老年化，除了印度這個金磚大國之外，幾乎都不再具有人口紅利的優勢，因此未來經濟成長第一支柱——人口紅利將不存在於多數國家，更有甚者，由於人口老化以及各國沉重的財政負擔，未來的經濟面貌將有全新樣態。

其次是技術創新，分析目前人類經濟樣態的破壞式創新，除了以網際網路為基底發展的科技事業、還有相關物聯網技術外；構建現代生活要素的重大發明諸如：電力與電廠、各類生活家電、內燃機技術以及相關飛機汽車船舶等，技術巨大突破都來自十九世紀或是二十世紀前期，自一九六〇年後世界的重要發明遠不及早期的發展，再加上現代網路公司或科技業的人力需求遠低於早期的工業發展，物聯網或機器人的技術亦使公司的人力資本需求降至歷史的新低點。

要注意的是，全球局勢變化太快，台灣也應加緊腳步跟上。可惜由於法規的限制，Uber在二〇一七年曾短暫退出台灣，後來與政府妥協，改變經營模式才重返台灣市場。無獨有偶，二〇一八年中，台灣政府擬修法加強管理Airbnb，不得刊登非法日租套房，甚至祭出重罰與切斷網路ＩＰ位址的手段。本書的重點不在於探討台灣的法律與政府監管的適切性，而是提出一個問題：新型態的市場經濟模式如何改變人類的社會面貌，並帶給政府監管的全新挑戰？與全球經濟緊密相扣的台灣，要如何面對這些改變？

台灣產業的挑戰與提升財務力的重要性

透過上一節的介紹，未來企業與產業發展的思維一定會有天翻地覆的轉變。「轉變」即代表許多淘汰，在漸進的轉換期間，低成長與風險波動將成為企業營運上最應面對的問題。在這樣的過程中，台灣企業的營運將更顯困難，其原因包括先天上與後天上的影響。台灣先天上屬於極度依賴外銷的經濟體，對於大趨勢與任何轉變要較其他地區的企業更敏感，才能在變動的環境下繼續生存。而後天上，台灣非常靠近中國，雖然因此獲得許多機會，但也面臨極大競爭。現在紅色供應鏈的議題不斷被探討，「紅色供應鏈」指的是台灣原來所奉行的代工模式在中國本土企業技術不斷追近的情形下，逐漸受到中國企業競爭與取代的過程。撇除政治因素，這樣的過程在商業發展上本屬正常現象，回顧早期台灣經濟奇蹟發展時，亦透過同樣模式取代很多當時比台灣更先進國家企業的生意。紅色供應鏈背後真正需要擔憂的問題是：「台灣企業發展未來的競爭力以及轉型危機」。

總結台灣企業面臨的問題有五點，這五點環環相扣：

1. 低毛利代工模式

台灣透過代工起家，這種模式的優點在於早期快速成長，無需直接面對市場的商業風險，但代工模式的競爭關鍵主要在於成本，當成本優勢不再，模式將迅速失靈。

2.離終端市場太遠

代工模式造成離終端市場遠的情況，將導致在價值的創造上無法賺取較高額的利潤。因此，當外在環境迅速變動時，代工模式也無法即時反映市場需求，造成轉型失利、競爭力更下滑的情況。

3.欠缺一項長遠的競爭優勢

轉型的步調不夠快，同時忽略外在環境越來越大的競爭，因此缺少新的競爭優勢。台灣企業若維持目前的營運模式，在中長期將有許多企業面對到大陸企業的競爭。

4.大陸紅色供應鏈的威脅

大陸企業隨著時間的發展，技術層面逐步追上台灣，是意料中的事情。當前台灣面對此問題最重要的因應方式在於產業模式的轉型或競爭優勢的強化。

5.中美貿易戰的影響

全球兩大經濟體大打貿易戰，高度仰賴外貿的台灣恐難置身事外。尤其台灣生產的高科技硬體零組件，多運往大陸組裝，且許多終端產品銷往美國。因此，為了避免過度依賴特定經濟體，台灣企業也應重新思考全球布局策略。

歸納以上五點台灣企業面對的問題，我們可以發現，定位不清造成未來前景不明；同時競爭優勢不再的情況下，企業營運面臨成長率低、風險波動度仍高的現況。尤其台灣的企業的未來定位普遍模糊，風險的控管更顯得重要。

以企業的立場思考而言，成長與風險完全是相互對立的。企業營運的過程中，若對於成長過度追求，勢必也會承受較高的風險，影響到企業的涉險程度；相反地，風險承受過低將導致企業的成長性不足。因此，在外來的環境下更顯得「財務力」的重要性。一間財務力強大的企業，財務策略靈活多變，如可透過以資產負債表左側為主的資本配置、併購等投資策略，以及以資產負債表右側為主的融資策略適時滿足企業資金需求，可使企業追求成長的過程中增強對於風險控管的技術，這正是財務策略的精髓。本章將說明何以應更強化企業財務力，在當前強大的競爭壓力下，財務策略的發展與商業力的結合，將築起企業的競爭力。

財務策略是什麼

在討論財務策略與商業力之間的連結之前，必須先搞清楚什麼是財務策略。但在

企業的財務策略與報酬的關係

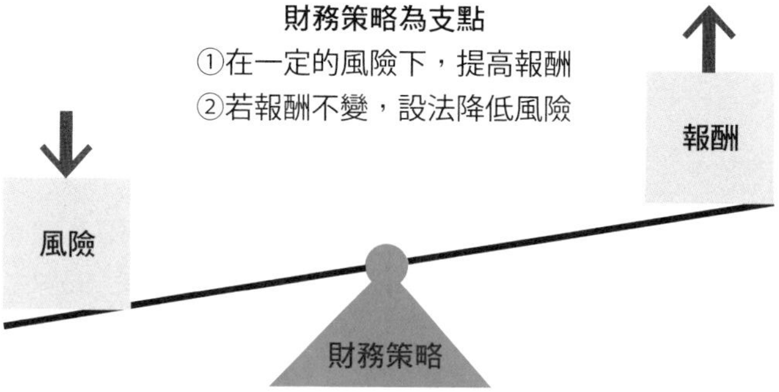
財務策略為支點
①在一定的風險下，提高報酬
②若報酬不變，設法降低風險
報酬
風險
財務策略

回答這個問題之前，我們需要先從財務的視角來看「企業營運」這件事。企業的存在，由於股東是公司的擁有者，最核心的使命莫過於「股東利益極大化」，達成使命的關鍵在於以組織的價值最大化為營運目標。因此以財務角度而言，組織的日常營運其實可以看作是一次又一次的財務規畫，這些財務規畫目的在於創造最大的淨利潤，從財務的角度上考量貨幣的時間性，又可以說是為了創造最大的淨現值（Net Present Value）。

如同這個世界的運行符合眾多物理規則，行星必定繞著恆星打轉，而物體在有重力的空間裡必定落下一般。在財務規畫的問題上，同樣有其規則，那便是「風險越高，報酬越大」。每個人的經濟能力、收入、年紀、家庭狀況、甚至是祖上留下的遺產都不盡相同，因此每個人都有屬於自己的財務規畫需求，在個人投資組合的配置上將呈現截然不同的面貌；若是把企業組織看作一個大型的有機體，同樣會因所處的產業別、地區、員工素質、企業文化等有不同的財務規畫。因此對於經理人而言，**財務策略即是在企業投入一次又一次財務的規畫中，盡可能以較小的資金成本取得的來源，讓成本極小化，而收益極大化！**企業的財務策略與報酬之間的關係如右頁圖。

在明白財務策略的原理後，本書要更具體的提出財務策略的構成要件，在公司執行財務策略時，必須仔細考慮四個思考點，以下分別說明：

1.公司在經營績效層面，需要耗費多少資源帶來未來的經濟利益？

在公司經營績效成果上，一間公司是否具有競爭力，並非用營收或淨利的大小來衡量，而應以資產週轉率以及股東權益報酬率的概念來衡量企業營運效益。資產週轉率以及報酬率，都是以每投入一單位的金錢可以創造多大的報酬為衡量基礎。舉例而言，台灣的金融業一直有過多銀行競爭的問題。據麥肯錫顧問公司所做的統計，台北市中山區的銀行分行數目竟然超過便利商店，因此，在過度競爭之下，每間銀行的股東權益報酬率都非常的低，代表該行業在台灣創造的效益並不大。另一方面，銀行所持有的資產過多，導致報酬率偏低，這也表示台灣銀行業亟需整併，對這些銀行的股東來說，並未帶來價值的最大化。

台灣的晶華酒店則是另外一個例子，該飯店是台灣資本市場中擁有許多個第一的飯店企業，包含第一個辦理減資的上市櫃公司、第一家併購外國飯店品牌的本土飯店、第一家發展館外餐飲的飯店及全台飯店營業額排名第一。該公司最著名的策略即是「**輕資產**」經營模式，透過策略夥伴的合作以及承租房地產做為主要的經營方式，用少量的資產，創造出的效益，如果以股東權益報酬率來計算的話就非常驚人。值得注意的是，若台灣的公司重視股東權益報酬率，對於整體社會的發展有正面的效益。雖然衝營收、壓低毛利的經營方法還是現今多數台灣電子業的營運模式，但占用多數資源、人力所維持的低利潤經營方式，並不符合整體社會的利益，若是利用高週轉率（管理效率），表面上總體營收可能受到衝擊，但更能有效率地使用資源來提升每一單位利益，讓社會產生更多高效能的公司。

2.公司財務結構與財務彈性如何平衡？該如何決定負債與權益資金的比例？是否應該發行債券、可轉債、向銀行舉債或者是發行新股？

公司的營運，是透過債務與權益來取得資金，並且投入具有經濟效應的生產，以取得利潤。在這個過程中，公司的擁有者——股東以及債權人，分別提供資金讓公司賺取報酬。如何配置兩者之間的關係是財務策略非常重要的思考點之一。在學術界關於資本結構的討論上，主張債務可以抵稅，具有「稅盾」效果，但是否指公司應大量舉債？答案是否定的。由於債務的升高亦會增加營運風險，而抵消了債務的好處，因此經理人找尋最適資本結構是非常重要的。但在真實的公司經營上，情況則複雜得多。實務上擬定財務策略的時候，除了讓成本最小化之外，兼顧風險的衡量以及財務彈性是經理人最需思考的事。公司營運最重要的思考點在於適時維持財務彈性，做為一個持續投入一次次財務規畫的大型有機體，公司無可避免要隨著規模的成長需要持續不斷的募資。在此一過程除了保有上述一定比例的權益支應與負債支應外，隨著時間的演進，這個比例可說是一個動態平衡的過程，保有比例的適當性極為重要，也是財務彈性的精髓之一。同時還需考慮外部環境經濟議題、發行權益或債務的時機是否適當、成本有無極小化等。

此外，市場時機像是各國匯率的變化，以及公司未來的營運方針也是公司要融資的考量理由。同時在進行跨國營運的時候，涉及不同幣別的收入以及支出等，都是公司考量債務及權益支應的重點，甚至考慮要透過什麼幣別的負債或權益。這些考量的因素將在其後的章節提出。

3.不應過度注重公司管理而忽略資本配置的重要性

在決定了應投入多少資源以創造經濟效益後，公司經營者經常忽略資本配置的重要性。許多經營者將工作的重點放在管理技術與經營效率提高。然而，對於人力產出的效率、生產的良率與技術等確實可以給公司帶來價值，但僅此絕非長久之計。另一方面，一個好的經營者更應該像精明的投資者，做好資本配置，將公司的資源投注在有報酬的領域，其本質就是財務力的精髓，也是投資的藝術。公司經營者若以這個角度執行策略，就能平滑地透過負債與權益滿足資金需求，並將資金投入在有利可圖的事業體。這當中，滿足資金需求的具體分法可以包含向銀行借款、發行債券與可轉債、發行新股等，而投資方面則可分成投注既有本業、成立新事業體、併購、發放股利等。例如早期的公司經營傾向多角化，而近來則提倡專注在本業上，並出售非核心的資產。

4.在公司獲利後，該如何決定保留盈餘的比例與股利政策，以達到平衡未來營運吸引潛在投資人？

股利發放的比例由董事會同意，但在決定發放多少股利時，主要依照財務部門的評估以及制定。在股利的決定上，需要考慮到原股東或潛在投資人的意願，以及公司希望自家的股票以何種形式存在於資本市場。例如，支付穩定股利，以吸引投資人。值得注意的是，股利的發放須具有可持續性，盡可能以相等或最小幅度的波動，使公司的股利在一段年數內大致相等，以維持市場對公司股票的信賴，並且保留部分盈餘做為未來的營運、投資所用。另一個需要考量的重點是以股票做為薪酬工具以維繫公司的人才，公司有時需要發放限制股、技術股或股票選擇權等留才。另一個思考點則是隨著企業的成長，不同部門亦越來越大，是否獨立某一個旗下事業體做為ＩＰＯ的公開發行公司，由原本母公司透過持股的方式持有，亦或是仍保有部門事業體的方式？這都是需要策略擬定與通盤考量。

財務策略、資本配置與公司價值創造

在介紹了財務策略與財務力的概念之後，不禁要再提出另外一個問題，公司如何進行價值創造？Ruth Bender與Keith Ward以財務的視角審視公司如何進行價值創造*，以下歸納了七個驅動公司價值創造的因子：

1. 增加營收規模

理論上，增加營收規模是可以最快提升獲利、並創造價值的方式，在公司營運的時候，擴大營收規模也常常能發揮規模經濟的特性降低單位成本，創造淨利提升的空間。但前提是要衡量公司的營收品質以及公司的策略。以國內知名的電子企業台達電為例。**台達電在二〇〇七年的時候曾有機會獲得一筆極大的訂單，當時索尼主動委託液晶電視組裝代工，此筆訂單對營收將產生跳躍性成長，但台達電最後選擇放棄該機會，其背後考慮的原因有三個：①自身不擅長電視組裝；②就財務面的角度而言必須投資大量廠房設備；③公司的定位並非「追營收」的公司。透過此案例可以發現，台達電詳細考量營收的品質、公司自身的定位以及發展策略後，發現投入的財務成本將大於獲

＊資料來源：*Corporate Financial Strategy*, 3rd. 2008。

＊＊台達電於一九七一年成立，並在一九八八年上市，創辦人為鄭崇華，現任董事長為海英俊，主要營業項目以電源供應器起家，目前重點營利來源為電源零組件、智慧綠能、提供節能相關的智慧解決方案。

得的利潤。

2.提高營業毛利

公司透過策略的擬定，提高一定的毛利，是增加公司價值的最直接途徑。值得注意的是，毛利提高背後反映的是公司諸多策略運用得當：財務策略若成功連結公司自身的商業力，創造清楚的定位，則毛利自然提高。

3.公司節稅

舉蘋果公司為案例，該公司每年創造鉅額盈餘，但很大部分盈餘都存在於海外，若匯回美國其成本非常大，因此蘋果仍然執行舉債策略，事實上就是為了節省稅務以發放股利。不過二〇一八年川普政府通過稅改案，調降稅率後，蘋果就宣布將匯回海外獲利。

4.減少每年額外的資本投資支出

在縮減資本支出的前提下，仍能繼續維持營運及未來競爭力，提升資源的使用效率，將可創造公司的潛在價值。前文提到的晶華酒店輕資產經營模式，即是類似透過降低資本支出的方法減少固定資產投資，並維持其獲利性，等於變相提高資產的使用效率而創造價值。在股票市場中，企業宣布擴大資本支出常常也會造成股價下跌，其背後的原因是投資人擔心公司投入資源，反而產生的效益下降。公司必須有效地說服投資人資本支出的目的與效益。例如投資人對於台積電的資本支出一向深具信心。

5.減少營運資金的資金需求

公司在營運的過程，一方面透過支出資金來購買原料、發薪水給員工，同時透過銷貨取得收入，這一過程中並非每個環節都是使用現金立即支付與收款。營運資金指的是企業短期資金的流入流出之間的差額。早期台灣有發生公司「黑字倒閉」的案例，即是公司短期融通的資金不足造成資金鏈斷裂，影響公司營運進而倒閉。公司減少營運資金的需求，是代表短期的資金控管能力增強，減少短期資金的準備等於增加公司的資金使用效率，同樣能達成創造公司價值的目的。

6.延長競爭優勢的時效

擴大同業間的進入障礙，或採取更先進的技術使同業更難與自身競爭，亦能提高公司價值。此部分亦需要公司有清楚的定位以及明確的商業模式。在財務策略方面，可以透過良好的投資決策乃至於更高端的併購策略維持競爭優勢。

7.使資金成本下降

在資產負債表的右邊，在權益與負債之間結合公司營運的考量，同時降低資金的成本，並且做好公司的避險措施，以防止突發的價值損失，亦能提高公司潛在的價值。

這七大價值創造因子可使經營者們為公司創造最大價值，但具體的執行措施上經營者的作為可分成兩大類：**①將管理技術與經營效率提高；②做好資本配置，將公司的資源投注在可以產生報酬的領域中**。

由不同角度審視財務策略

策略的發展特別具有主體與時效的性質，不同的公司發展出的策略不同。適合豐田汽車公司的策略，未必適用於特斯拉電動車。背後的原因在於，策略乃是自身條件與資源和外在環境互動產生的結果，因此當外在環境變化時，同樣的策略未必適合同樣的公司，可以說當「天時、地利、人和」調和得最完美時，才會是公司產生最佳策略的時機。而財務策略的產生則是透過驅動先前提過的價值創造七因子。一項財務策略只要能成功使七大因子之一發揮作用，即為有用的財務策略。但財務策略的擬定，同樣需要經過自身與環境的最佳化交互作用後產生。簡而言之，財務策略必須與商業力產生連結與呼應，在制定財務策略的時候，同樣需要考慮自身商業力。

何為商業力？簡而言之，乃是外在客觀環境與自身主觀狀態的相互影響。

公司商業力的關鍵因素

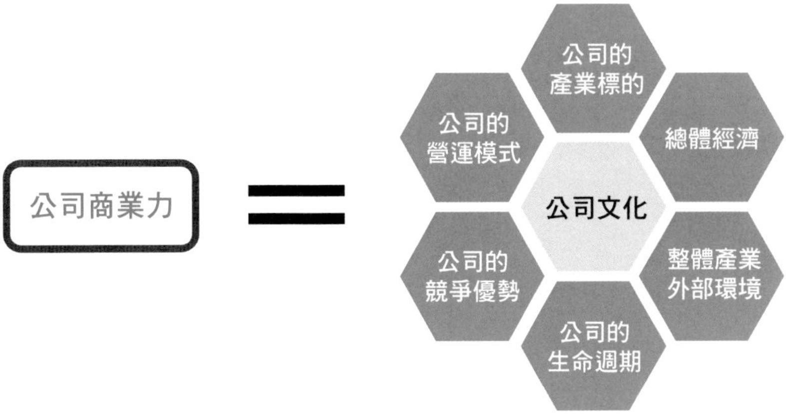

首先，公司所處外在的整體產業情況及總體經濟的態勢，兩者皆會影響公司的商業力，因此在審視公司財務策略時，亦須十分注意外在的變化。至於公司本身所選擇的產業標的、對於自身定位產生的營運模式、自身所擁有的競爭優勢、企業所處的生命週期、還有一間公司的靈魂——公司文化，則為這間公司的主觀狀態。在審視財務策略時，同樣為重要影響的因素。以不同產業為例，傳產與電子業之間的商業模式必定不同，所制定的財務策略也不盡相同。就算是相同產業，處於相異的生命週期發展階段，公司所選擇的策略也不完全相同。還有最重要的是，公司的文化將決定公司的格局以及大方向，如前述的例子台達電決定不做「追營收」的公司，則是受到內部公司文化所影響。

因此，審視財務策略的第一步，是檢驗財務策略是否適當地與公司的商業力相連結。

值得注意的是，財務策略與公司的商業力相連結的過程，我們可以透過以下四項的財務評估，使兩者有更好的連結。

1.先詢問三個問題

①營運狀況和其他公司相比有多好？
②在未來幾年的發展會不會比今日更有價值？
③不易受總體因素影響而獨立存在的可能性有多高？

透過回答這三個問題，公司必須尋找長期穩健營運的發展機會，並透過銷售、生產端的跨部門整合，樹立自身的競爭優勢，以達到價值驅動七因子裡的延長競爭優勢。

2.公司的營運模式必須清晰易懂

公司建立商業模式時，必須注意：

①找到適合發展的商業模式

②利用財務比率來分析公司營運特性

過於複雜的商業模式容易受到外在因素的影響，同時在價值鏈的創造過程，也容易流失自己的利潤空間。有些公司則是由於未能打造可獲利的商業模式，即使產品大受歡迎，在財務的角度上仍無法獲利並創造價值。舉例而言，幾間美國科技獨角獸公司在發展的過程受到非常多注目，但因為商業模式無法確實帶來獲利，幾度傳出改造或即將破產的消息，如知名的雲端記事本 Evernote 以及線上儲存服務 Dropbox，都曾傳出倒閉危機。

3.資產負債表的結構所衍生的營運模式風險（現金流量、成本、負債……）

營運風險的產生，可能來自資產負債表的結構。例如負債比率過高、淨利很高但現金並不足等，都會為營運帶來許多風險。因此對於財務報表有正確的解讀能力並且規避風險對於企業非常重要，將於第二章詳細介紹。

4.公司消耗（或創造）現金的程度

從財務的角度來看，能用較少的資源創造獲利的公司，當然較能創造價值。因此在行業別的選擇上，不需要大量資本就能成長的產業（例如服務業），是公司在考慮新事業的發展時也要評估的重要因素。

財務部門的職權

本書另一個審視企業財務策略的角度，則是由財務部門的職權擴張與財務人員的職責切入。

最初，財務部門在公司的營運上屬於後勤單位，僅扮演收付、記帳融資等後勤部門，其執行的工作為編列帳表與出納等行政事務。隨著職權的擴張，財務部門開始肩負起降低公司財務風險的責任。降低財務風險，可透過財報的檢視與外在總體經濟的判讀，以產生相應的風險監測方法和調整的策略。

下一個階段，公司則開始視財務力為維持競爭力的重要支柱之一。財務部門不再只是記帳或被動的調整單位，而是肩負價值創造或公司營運方針制定的角色之一。財務部門必須參與決定公司的策略發展方針，並制定相應的融資策略，同時，公司成長的兩個方法——內生增長與併購，財務部門都必須提供許多專業的投資策略，擬定達到公司價值最大化的目標。

最後，財務部門最後成為股東價值的關鍵影響者，甚至關乎公司存續。關於公司治

財務部門職權擴張的四大階段

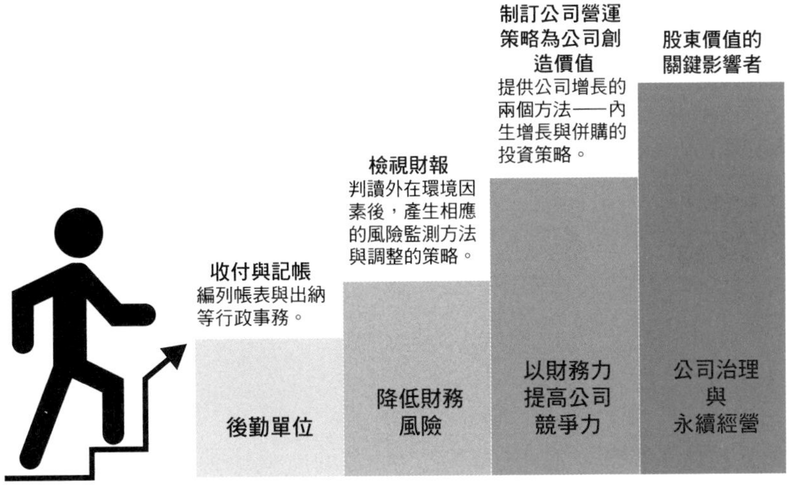
收付與記帳
編列帳表與出納等行政事務。
後勤單位
檢視財報
判讀外在環境因素後，產生相應的風險監測方法與調整的策略。
降低財務風險
制訂公司營運策略為公司創造價值
提供公司增長的兩個方法——內生增長與併購的投資策略。
以財務力提高公司競爭力
股東價值的關鍵影響者
公司治理與永續經營

理，金管會給了以下的定義：「公司治理係指一種指導及管理並落實公司經營者責任的機制與過程，在兼顧其他利害關係人利益下，藉由加強公司績效，以保障股東權益。」公司治理的層面牽涉很廣，同時需要調和各種利害關係人。一旦公司治理出了問題，其後果常動搖公司經營的根本。以德國福斯汽車在二〇一五年排氣檢驗的造假風波為例，這一起公司治理失靈案件非常經典，代價慘重，首先是股價大跌，一度損失超過三分之一的市值，同時在美國還得面對鉅額的罰款，但最可怕的影響莫過於無形的商譽損失，以及往後無法估計的潛在銷量下滑。

第二個審視財務策略的方式，是透過財務部門職權的擴張，來檢視財務策略的環節以及有無疏漏之處。

本章回顧

策略的制定需因應主體的不同而有修正，是一個跨部門整合公司資源的過程。在財務策略上，必須衡量自身的商業力，以制定最佳策略。其考量的要素包含公司自身的營運模式以及公司的生命週期，不同階段的公司有不同的營運模式，所擬定的策略亦須不同。再來需要考慮競爭同業的情形，自身的競爭力在該產業所處的位置，在價值鏈的創造上位於哪個部分，最後是衡量該產業的整體趨勢以及外部環境的總體考慮。

透過一層又一層的檢視，以連結商業力與財務策略的功能，達到強化財務力、提升公司競爭優勢的目的。總結財務策略，可以簡單歸納成兩點：

①以最適合的方式募集企業所需要的資金。
②以最適合的方式運用這些資金，包含再投資或處分營運所得的利潤。

在章節的最後，筆者期望透過以下的檢查表，幫助公司的經營者有效地檢視，在公司的日常營運中是否有注意本章所提及的重點，並且幫助經營者在經營過程快速提升自身的財務力。

☑ 檢查表 ▌商業力結合財務力

1. 提升財務力關鍵在於制定適宜的財務策略，好的財務策略的效果是：
   - ☐ 使同樣報酬下所承擔的風險降低，或
   - ☐ 提升同樣風險承擔的報酬。

2. 在制定公司財務策略時，你是否已思考四大面向：
   - ☐ 公司在經營績效層面，需要耗費多少資源帶來未來的經濟利益。
   - ☐ 公司財務結構與財務彈性的平衡。該如何決定負債與權益資金的比例？是否應該發行債券、可轉債、向銀行舉債或者是發行新股？
   - ☐ 不過度注重公司管理而忽略資本配置的重要性。
   - ☐ 在公司獲利後，該如何決定保留盈餘的比例與股利政策，已達到平衡未來營運吸引潛在投資人的兩個目的。

3. 驅動公司價值創造的因子有七個，分別是：
   - ☐ 增加營收規模
   - ☐ 提高營業毛利
   - ☐ 公司節稅
   - ☐ 減少每年額外的資本投資支出
   - ☐ 減少營運資金的資金需求
   - ☐ 延長競爭優勢的時效
   - ☐ 使資金成本下降

4. 財務策略與公司的商業力相連結的過程，透過以下四項財務評估，有助兩者融合：

- ☐ 先詢問三個問題：①營運狀況和其他公司相比有多好？②在未來幾年的發展會不會比今日更有價值？③不易受總體因素影響而獨立存在的可能性有多高？
- ☐ 公司的營運模式必須清晰易懂
- ☐ 資產負債表的結構所衍生的營運模式風險（現金流量、成本、負債……）
- ☐ 公司消耗（或創造）現金的程度

關於下一章

在總結商務力與財務策略概念之後，下一主題將介紹財務報表的分析運用，以及如何透過財務報表的觀念擬定財務策略以提升公司價值。在財報分析的單元，我們亦將使用本章學習的觀念，最適化資產負債表的配置。在資產負債表的左側資產端，是公司用以創造未來收益的資源，運用財務力與商業力的連結的概念，我們將可對資產端做適當的處置。同時考量公司的財務風險與資金成本後，連結外部的環境，亦可對右邊資金的來源端做出良好的配置。

第 2 章

財報分析實務與運用——公司營運的儀表板

【案例】3G資本

二〇一〇年，巴西知名富豪雷曼（Jorge Paulo Lemann）所掌管的私募基金「3G資本」（3G Capital），以超過四十億美元併購美國知名速食品牌漢堡王。雷曼為漢堡王擬定了兩個策略：砍成本、賣品牌。3G資本擅長的策略在於分析產業特色與財報中花費大筆成本的項目，並以縮減成本提高獲利。其著名的模式稱為「零基預算」（Zero Based Budget）。他曾說過：「成本就像指甲，需要隨時修剪。」過去他也曾買下知名的食品企業亨氏，並透過大舉裁員改善財務數字。

3G資本對於漢堡王的收購與再造，呈現出前所未有的成本精簡以及獲利模式轉變。改造的第一步是裁員，總員工數降低至原本的二十分之一左右，裁員多達三萬多人。接下來徹底改造漢堡王的獲利模式，將資產負債表轉變為「輕資產」的經營模式。漢堡王先行推出「再加盟計畫」的政策，修改其加盟合約，並把大量店面轉為加盟店，然後按收入抽成。二〇一一年，漢堡王在全球直營店數仍有一萬三千家，到了二〇一四年，短短三年內幾乎全部售出，只保留約五十家直營店，且都設立於美國邁阿密總部附近。漢堡王將直營店當成試驗新產品、行銷策略及培育主管的計畫試驗地。出售直營店的直接成果是，既降低漢堡王的直接成本，讓公司不必擁有龐大的資產；二是讓漢堡王獲得來自加盟店的穩定抽成收入。這等於是漢堡王不再直接經營速食業，而是把品牌租給加盟店，然後收取租金，就像房東出租房子一樣，使彈性擴大許多。漢堡王的財務報表變化反映了這個策略的效果：二〇一一年，漢堡王來自餐廳經營收入占總營收的比重仍有七成，到二〇一三年驟降至營收的兩成；同一期間來自加盟店和餐廳房地產收入的比重，則從不到三成，大幅攀升至超越八成。

漢堡王所做的，是根據當前的外部環境以及速食業所反映的特殊環境，來調整其策略，並優化資產負債表以達到最大競爭力。在這個案例中我們可以發現，易主後的漢堡王透過財務分析後驚覺，過去引以為傲、象徵在速食業兵力與國力的「分店數」，竟然成為營運最大的絆腳石，營運狀況也每下愈況。3G資本決定思考全新的策略，徹底想出扭轉乾坤的真正活路——攤開財務報表後，發現答案就在其中，最後結果也正如同我們所見，不但漢堡王的獲利數字有了起色，股東們的股東權益報酬率也提升了。

3G資本不僅收購了漢堡王，過往的成績更包含百威、亨氏、卡夫、提姆霍頓，連股神巴菲特對該團隊都有極高的讚譽，認為其對企業改造的管理能力極佳，其在收購漢堡王的一系列改造：裁員、將直營店調整成加盟店的做法，可簡單歸納成兩步驟，一是在無損企業競爭力的情況下降低主要成本項，二是創造額外收入。這兩項手法看似簡單，卻是來自縝密分析財務報表後的成果。由3G資本管理團隊的例子我們不難發現，扭轉企業營運的關鍵在於正確的財務報表分析。第二章將深入探討財務報表的解讀與分析。

三大報表介紹與重要性

寫作本書主要的目的之一，就是希望從財務的角度出發，提升國內企業的財務力，將企業的競爭力最大化。從財務的角度來看企業營運，事前首重策略的制定，而財務策略的成敗則由反映企業經營的財務結果來衡量，企業的財務報表就是這些經營成果的體現。財務報表的分析是企業很重要的資訊來源，因此有「企業營運的儀表板」之稱。

孫子兵法道：「知己知彼，百戰不殆。」如何增加對自己與同業競爭者的洞察力？企業所有的策略布局乃至經營成果，很大部分會呈現於財務報表。因此筆者認為，現代經理人對於財務報表的分析與解讀能力，會高度影響企業的策略方向。同時，財務報表雖然屬於落後資訊，卻仍可用於分析本身與同業在過往的經營效益上的表現。不管是對於個人投資者乃至於企業經營者而言，正確解讀財務報表的能力絕對是達成「知己知彼」境界的第一步。

對於公司真正的擁有者——股東而言，公司所有的營運與策略，包含：進貨、銷售、人才雇用、設廠、研發、技術升級、樹立更高的競爭障礙等，都歷經一連串的財務規畫，投入一定的資本並期望最高的獲利。換言之，企業的經營無法脫離財務規畫的本質，那麼，財務報表與經營的關聯是什麼呢？財務報表是過去一段期間內呈現出來的企業所有財務規畫資訊，因此財務報表就是企業日常經營的「足跡」。一般民眾理解

資產負債表

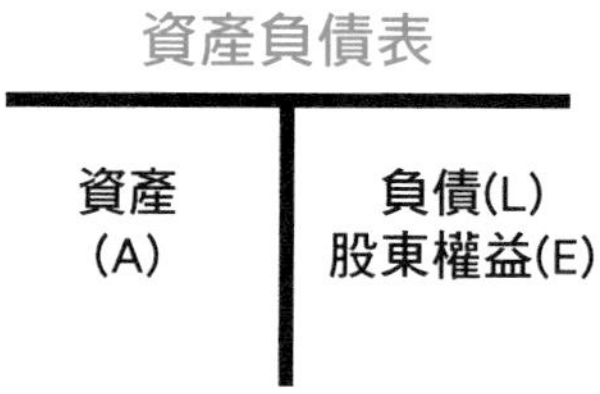

了財務報表的真正意義，有助於選擇體質良好的公司投資；經理人更需要充分了解財務報表的內涵，以便時時刻刻檢視公司的營運狀況與調整企業的步伐。其最重要的內涵包含三大表：資產負債表、綜合損益表以及現金流量表。每張表有其各自代表的意義，對於企業經營而言，這三張表的重要性自是不言可喻。

資產負債表

公司的資產負債表表達公司於特定日期的財務狀況。該報表揭露了公司的資產、負債及股東權益，各項數字都是公司從成立以來至報表日止的累積數值，乃一存量（Stock）的觀念。依據會計基本方程式「資產＝負債＋股東權益」所編製。報表的左邊列示公司的流動及非流動資產，為公司所有的經濟資源；右邊為其他公司、組織或個人對公司資產的請求權（Claim），此請求權又分為負債與股東權益兩部分。因此，資產負債表左邊的「資產總額」必然與右邊的「負債＋股東權益」之總額相等。

資產負債表分類三大項目：資產、負債及股東權益，三者都可以再更仔細分類。說明如下：

資產（Asset）是指公司目前所持有、並且能在未來為公司產生經濟利益的資源，因此簡單來說，資產就是可以為公司帶來收入的項目。資產可根據其形體分為有形資產與無形資產，並根據其時間分為長期資產與短期的流動資產。有形資產以不動產、廠房設備、土地等為主，也可稱為固定資產；無形資產為無實體形式可辨認之非貨幣性資產，但同時符合可辨認性、可被企業控制及具有未來經濟效益，像是專利權、商標、版權等。常見的流動資產項目有現金、流動性高的短期投資（或稱約當現金）、應收票據及帳款、存貨等。

而負債（Liability）則剛好與資產相反，負債是因為過去的交易而產生出的一種義務，在此後履行該義務需要付出經濟利益。負債根據時間的長短亦可分為流動負債與長期負債。流動負債指的是預期於一年之內到期，需以流動資產償還的債務，如應付帳款、應付票據、短期借款、應付短期票券、其他應付款、當期所得稅負債等。長期負債則指非屬流動負債之其他負債，通常超過一年才到期，如應付公司債、長期借款、遞延所得稅負債、存入保證金及其他非流動負債等。

而股東權益（Equity）則來自於資產項與負債項的差額，代表的是公司真正的剩餘價值，也是公司真正的擁有者——股東們持有的價值。像是股東對發行人所投入之資

資產負債表*

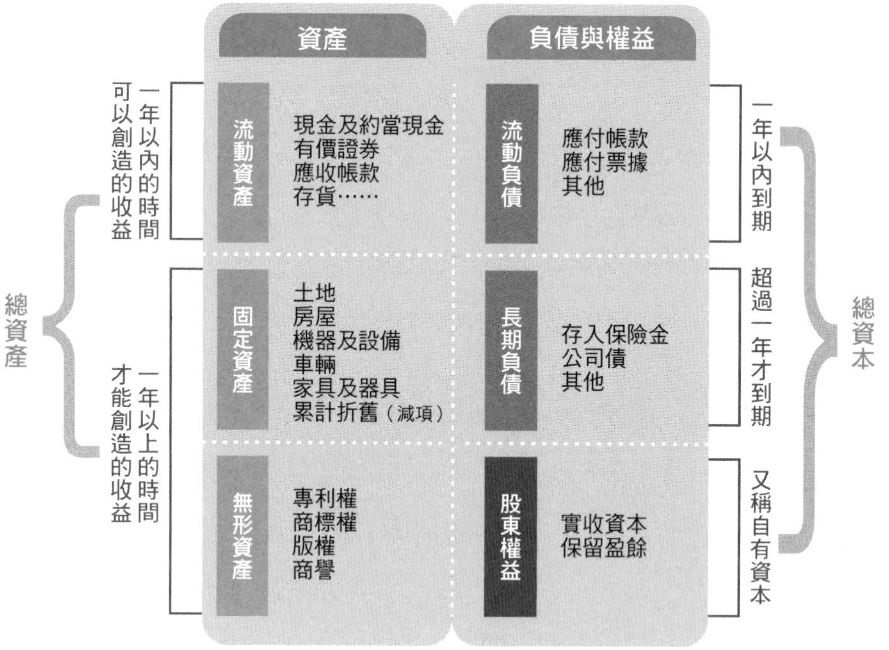

＊資料來源：經理人月刊 https://www.managertoday.com.tw/articles/view/5029

本，以及公司營運所產生的盈餘、但未分配給股東的保留盈餘等。

損益表

損益表則是反映一段時間內（通常為一季或一年）的關乎本業的現金流量，**表達企業在會計期間內的獲利能力及經營成果，為一流量的觀念，反映出企業整體的收支情況**。其恆等式為「本期損益＝收入－費用＋利益－損失」，透過損益表可以了解公司本業銷售收入情形，並且檢視公司是否以過高的代價（也就是成本面）賺取這些收入，並藉以提升公司獲利。經理人可以很直觀地透過損益表來評估績效、控管成本以及制定未來目標等。在損益表裡，營業收入淨額（或稱銷貨收入淨額）表示公司出售產品扣除銷貨折扣後的淨額；再減去製造或營業成本後，即為營業毛利；再扣除與製造無直接關係的管理及行銷等費用後即為營業利益；之後若再加上利息費用以外的營業外收入及支出，即是稅前息前利潤（Earning Before Interest and Tax, EBIT），也表示公司運用全部資產所創造出來的利潤，再扣除利息費用後，即為稅前損益；最後扣除所得稅費用，即得稅後淨利。

現金流量表

至於現金流量表，**則是反映公司所有現金的流進與流出**，如同前文所提到，以財

損益表＊

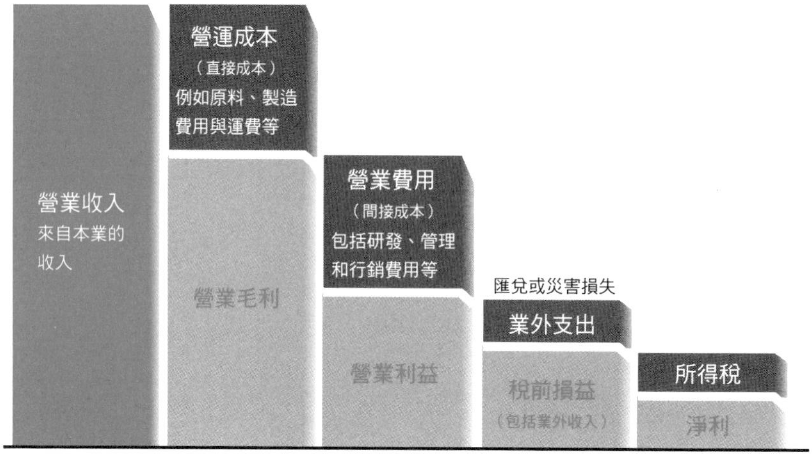

公司的現金流

＊資料來源：經理人月刊，https://www.managertoday.com.tw/articles/view/5029

務的角度而言，公司的營運可以看作是一次又一次的財務規畫。既然是財務規畫，必定包含如何籌資、如何投資等問題，公司營運除了單純的賺錢獲利外，必須透過適當的融資來獲取資源供其運用，所以公司的財務策略包含了錢從哪裡來（融資活動），錢往哪裡去（投資活動）以及在本業的成本控管銷售目標等（營運活動）。此指的現金包含會計意義上的現金科目與約當現金科目。現金是指凡是一般社會大眾所接受的支付工具，且可自由運用，未有用途上的限制或法律、契約上之限制的資產；如紙鈔、硬幣、活期存款、支票存款、可隨時解約之定期存款、可轉讓定期存單等。約當現金則指具有即將到期（通常指三個月以內）、可隨時轉換為定額現金、利率變化對資產價值的影響甚小等特性之資產；如國庫券、商業本票、銀行承兌匯票、貨幣型基金等。營運活動中的現金總數額變動以銷貨收支為主，如現金流入的現金銷貨和應收帳款收現，現金流出則如支付原料費用、員工薪資及租賃費用等。融資活動包括現金流入的發行普通股、發行公司債，現金流出的股利支付或貸款償還等。投資活動則為各項資本性收支，如現金流入的處分資產，現金流出的購買資產等。

一般來說，商管科系背景讀者對於資產負債表與損益表可能不陌生，但亦不可忽略現金流量表對於公司而言，常可發揮非常卓越的效用，利用現金流量表可達到以下目的：

公司的三大活動現金流量

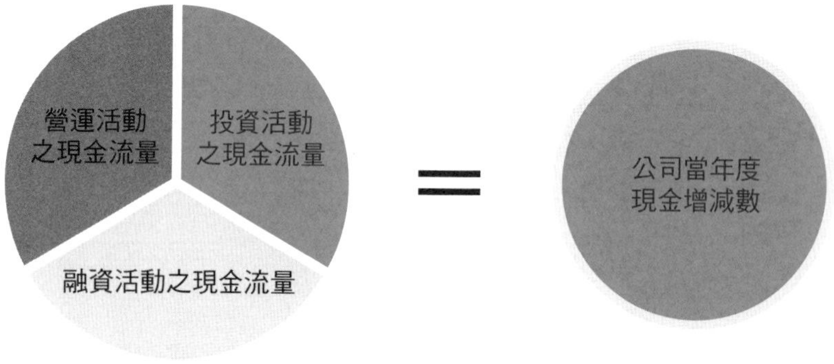

三大表的關係

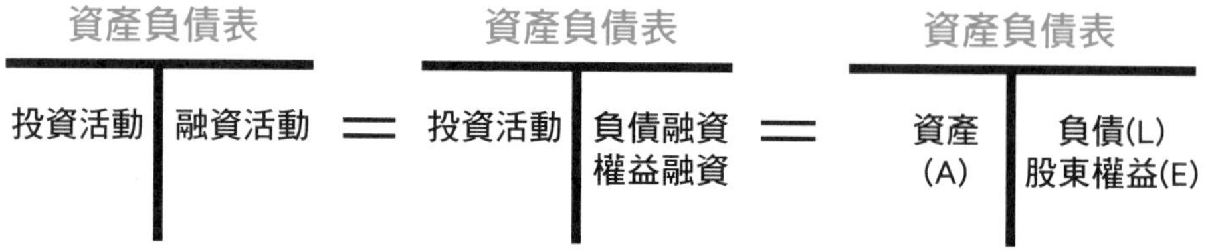

· 了解公司如何運用營業活動所產生之現金。
· 評估公司未來淨現金流入之能力。
· 評估公司償還負債的能力，以及是否有向外籌資的需要。
· 分析造成損益表中之本期損益與現金流量差異之原因。
· 分析公司支付現金股息之能力，若為淨現金流出，評估繼續正常發放股息之資金來源。
· 提供現金與非現金投資活動及融資活動，為公司帶進或流出的現金數額。
· 了解現金流量之重要投資、融資活動對財務狀況的影響。

綜觀三張表的關聯，一間體質良好競爭力強勁的公司，平時的狀態可透過資產負債表得知，公司營運也要視該產業、生命週期與公司特長，來決定最佳資產負債表的組成。損益表則是衡量一段時間內公司獲利的情形，一間好的公司的利潤一定是良好的。而最後的現金流量表，則是形同人體內的血液。血液的流動是人類賴以為生的關鍵，如同現金可以創造利潤以及強健的公司體質，評估需要募集資金（融資活動）、投資有利可圖的事業（投資活動）以及本業的利潤產生（營運活動）。

因此，三張表的關係可說是密不可分，若要擁有最適的資產負債表，則需考慮獲利結構，而與損益表的關係，即可透過此處連結。損益表所產生的稅後淨利若無發放，則會流入資產負債表的資產項以及權益項，這樣的利潤處分過程，同樣會出現在現金流量表裡面。透過檢視公司過往的三大表，我們可以如同醫師一般對症下藥，改善公司體質以及日常營運，逐步使公司更加強大。

本章後續財報分析的重要技術均來自於三大表的理解上，而財報分析的技術將是企業提升財務力的關鍵。第三章與第四章揭示了企業的投資與融資決策，其基礎的投資與融資相關財報分析將在本章的後續先行介紹，而本章的內容還包含第六章將會提到的內容：運用財報分析來評價公司。筆者再次強調，財務報表的解讀與分析乃是企業財務策略的基本功，本章也會助讀者先將後續章節內容所需要的基本功打穩。

財務報表分析的技術

一個成功的經理人可以透過檢視財務報表，了解企業過往的營運情況，並做出策略的調整或改變，在此先為讀者介紹財務報表分析的原理。

財務比率

財務報表分析的第一步，通常是將財務報表中的數字化為若干有意義的比率藉此比較，以下是常見的各類重要比率。

- **經營能力**：①應收帳款週轉率②存貨週轉率③總資產週轉率
- **獲利能力比率**：①資產報酬率②股東權益報酬率③純益率④每股盈餘
- **流動性比率**，或稱**短期償還能力**：①流動比率②利息保障倍數
- **財務結構**：①負債比率②長期資金占固定資產比率
- **市場價值比率**：①本益比②股價淨值比

經理人亦可以根據自身公司的需求及該產業特性，創造出適用於自身公司使用的財務比率。

共同比分析

除了運用財務比率進行分析，也有一種名為「共同比分析」的分析方法，亦即將財務報表中的數字利用一個共同的基準轉換成為百分比，使報表全部以百分比的方式表達。其優點如下：

- 去除規模因素，使資產或營收大小不一的公司可以相互比較。
- 呈現出結構性的資訊，故又稱為結構性分析。

A公司某年資產負債表（簡易版）及轉換成百分比

流動資產	$77,000,000	27%
非流動資產	$204,500,000	73%
資產總額	$281,500,000	100%
流動負債	$34,000,000	12%
長期負債	$17,700,000	6%
其他負債	$7,000,000	2%
負債總額	$58,700,000	21%
股本	$115,000,000	41%
資本公積	$1,800,000	1%
保留盈餘	$98,000,000	35%
其他權益	$8,000,000	3%
股東權益總額	$222,800,000	79%
負債及股東權益總計	$281,500,000	100%

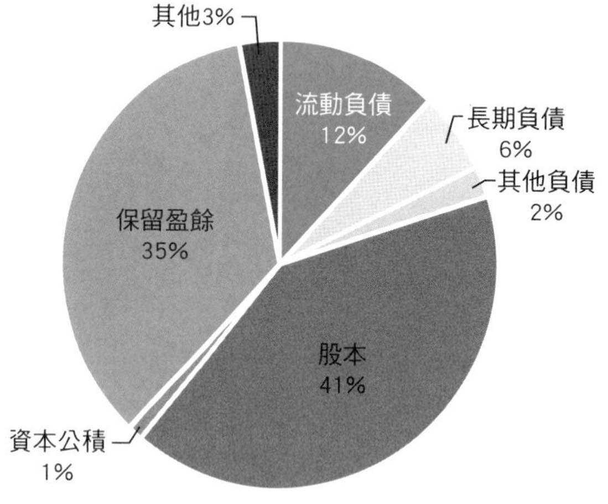

A公司歷年損益分析

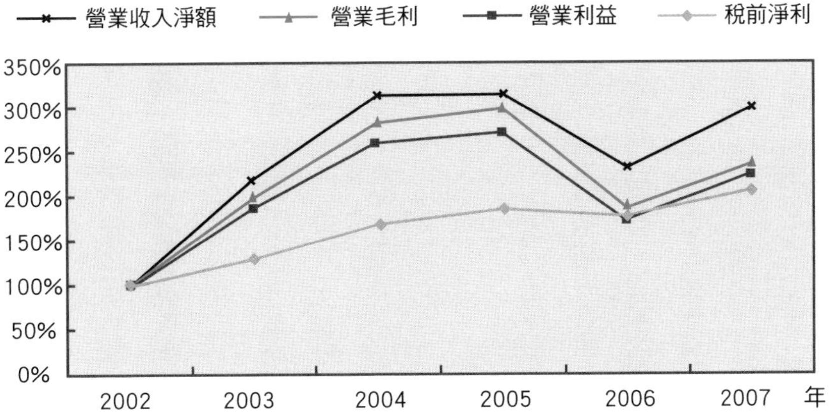

- 為分析公司策略變化、不同公司甚至不同產業的經濟特性提供了相當有用的資訊。

動態分析

共同比分析無法直接看出各會計科目的增減幅度及變化趨勢，屬於靜態分析的技術。而另一種分析方式又稱動態分析，是將跨年度或跨公司的同一個科目做比較，進而檢視公司一段時間內或跟同業相比財務數字的高低，做為未來策略調整之用。「**比較分析**」及「**趨勢分析**」，此兩種技術均是將「不同期間」的同一會計科目加以比較，衡量其增減金額或增減百分比。比較分析常運用在損益分析上，例如營收或淨利的成長性等。

運用趨勢分析預測公司未來的獲利表現時，報表使用者除了考慮公司過去的趨勢，尚須留意產業上下游整體的景氣變化、公司內部投資活動等。至於欲預測企業的稅前淨利或稅後淨利，因受到營業外收支、稅或其他調整項目的影響，會產生較大的預測誤差。

趨勢分析的意義在於利用這些轉換後的指數，比較各類收支的成長或衰退速度，藉以觀察公司發展的速度，以適時地補給財務資源，同時找出問題所在，掌握改善的契機；如所得稅支出成長速度大於稅前淨利成長速度，可能表示未善加利用節稅措施。分析時需注意基期的選擇、公司各項策略是否有重大的改變，及會計政策是否有大幅度的修正。

財報分析不外乎運用財務比率以及靜、動態分析，來比較自身跨年度或同業同年度的績效表現。必須同時利用各種方法來分析複雜的經營情況，並綜合各分析方法的結果，給予適當合理的評估。另須注意使用上的限制，如進行公司內部數年比較（比較分析及趨勢分析），需注意公司在策略上、結構上是否有重大變更、會計政策是否具有一致性等；使用共同比分析或比率分析進行同期間的比較時，則需確定財務報表上的數字並沒有經過管理當局的「美化」，因為財務報表數字的品質將影響之後的分析結果。

當利用同業比較來了解每一家公司的營運或財務結構等是否適當時，應注意各公司間的產品結構、經營策略是否存在很大的差異、會計制度是否一致、歷史背景是否相同等等，同質性越高，比較越有意義。

因公司龐大的組織及複雜的交易，縱使利用各式各樣的方法進行分析，對於所得數字仍可能有數種不同的解釋。

資本報酬與經營效率分析

本小節的內容主要為了第三、第六章先行奠基相關財報分析知識。企業的投資決策與評價都來自於資本報酬與經營效率等相關財務比率的分析。

首先介紹資本報酬相關比率，透過資本報酬分析，可以直觀的思考企業的投資決策是否合理以及正確。

1. 總資產報酬率

此比率指的是公司全體債權人及股東每投入一塊錢所能創造的報酬，或公司運用每一塊錢的資源可以賺得多少利潤。經理人可藉由歷年的報酬率與競爭對手做簡單比較。

總資產報酬率公式

$$\text{總資產（總資本）報酬率} = \frac{\text{稅後淨利＋利息費用×（1－邊際稅率）}}{\text{平均資產總額}} = \frac{\text{稅後淨利＋利息費用×（1－邊際稅率）}}{\text{（期初資產總額＋期末資產總額）／2}}$$

股東權益報酬率公式

$$\text{股東權益報酬率} = \frac{\text{稅後淨利}}{\text{平均股東權益}} = \frac{\text{稅後淨利}}{\text{（期初股東權益＋期末股東權益）／2}}$$

T 公司歷年兩大資產報酬率分析

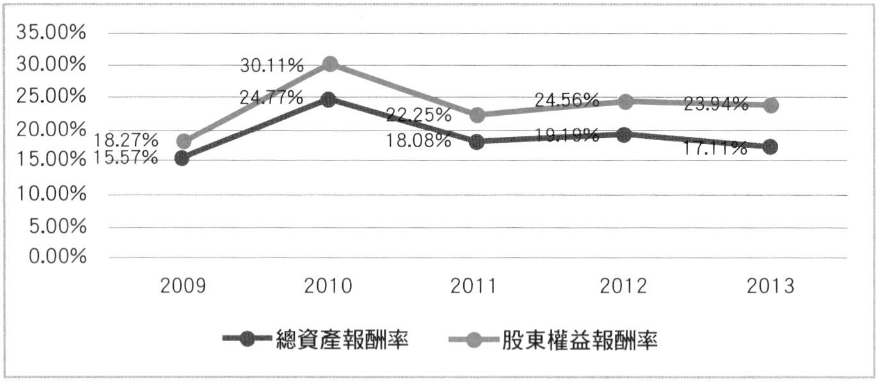

2.股東權益報酬率

若單純從公司真正的擁有者：股東的角度來衡量公司的報酬率，就可以使用股東權益報酬率。

以國內某T公司為例，上頁圖為該公司總資產報酬率、股東權益報酬率，從二○○九至二○一三年的變化。可以看到T公司的總資產報酬率在二○○九年時，受到全球金融危機的影響，降至一五・五七%，之後明顯回升。而股東權益報酬率，大致能維持在二○%以上，尤以在低利的環境中，表現優異。

接著介紹企業的經營效率，主要來自於資產負債表與損益表相結合，以評估企業的經營管理能力。透過經營效率分析，可以檢視企業過往的投資決策與營運狀況，是否與同業相比具有競爭力。以下介紹幾個常見的比率。

3.總資產週轉率

此比率主要衡量每一塊錢的總資產投入可以創造出多少的營業收入。該比率越大，代表資產運用效率越好，但也可能隱含公司因某些原因減少資產投資（如公司縮短應收帳款收現天數）、現金部位過低、固定資產老舊卻未汰換、賒銷的授信政策過於嚴苛等，可能會影響公司正常營運或喪失獲利機會。評估期間若有部門停業，則可評估該部門停業前後之資產週轉率，以了解此一決策是否有助於提升公司整體的資產運用效率。

總資產週轉率公式

$$總資產週轉率=\frac{營業收入淨額}{平均資產總額}=\frac{營業收入淨額}{（期初資產總額＋期末資產總額）／2}$$

現金週轉率公式

$$現金週轉率=\frac{營業收入淨額}{平均現金總額}=\frac{營業收入淨額}{（期初現金＋期末現金）／2}$$

固定資產週轉率公式

$$固定資產週轉率=\frac{營業收入淨額}{平均固定資產}=\frac{營業收入淨額}{（期初固定資產＋期末固定資產）／2}$$

又或者評估期間內發生併購活動，可評估併購後，公司收入即資產總額的變化有多大，對比決策前後的資產運用效率是否發生顯著變化。評估對象為集團企業或擁有眾多轉投資公司之企業，則可比較母公司本身之資產運用效率，以及母公司與子公司整體的資產運用效率，以評估公司是否因組織繁複而發生管理無效率的情況，導致經營效率降低。

4. 現金週轉率

此比率衡量公司持有的每一塊錢可以創造出多少的營業收入，經營者之目標為如何在維持營業活動正常運作下，持有最少的現金，並評估公司持有現金餘額是否恰當。比率越高，代表公司持有現金所發揮的效益越大；反之，表示現金的運用效率越差。值得注意的是，雖然現金週轉率愈高代表現金運用越有效率，但也可能隱藏現金部位不足之風險。分析時需留意公司是否因投資或融資活動而使其現金餘額大幅增減，例如剛完成發行公司債或股票，會使現金週轉率降低，並不表示公司運用現金的效率有發生變化。過高現金週轉率隱含現金短缺的訊號，嚴重的話，可能會讓公司陷入流動性危機；反之，可能表示現金發揮的效益越低，公司可能持有一些閒置現金。對於公司而言，決定帳上最適現金部位時，即是在「流動性」與「投資報酬率」間做一取捨。

以國內某T公司為例，下頁圖為該公司從二〇〇九至二〇一三年，總資產週轉率與現金週轉率的變化，可以看到其總資產週轉率，一直維持在五〇%以上，公司維持

T 公司歷年兩大資產週轉率分析

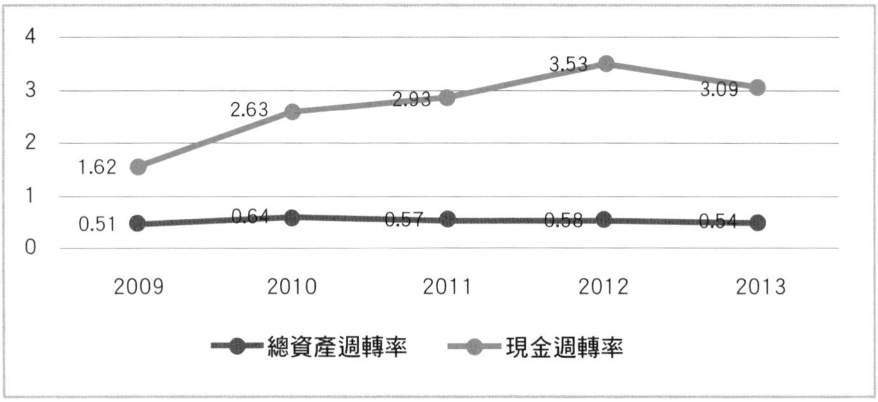

企業三項財務指標

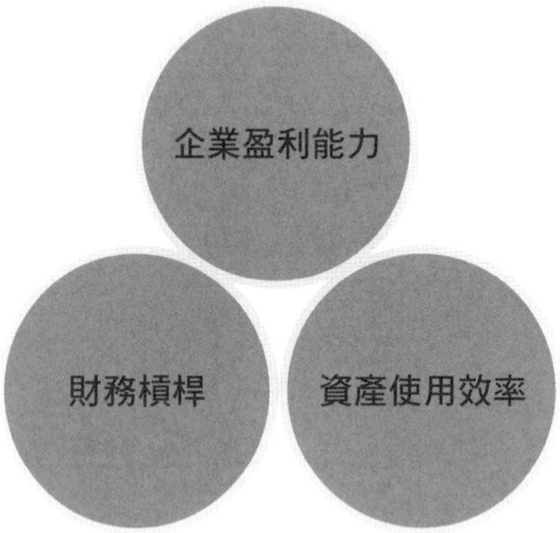

良好的資產運用效能，而現金週轉率從二〇〇九年金融危機過後，則顯著上升，至二〇一三年時的三．〇九，表示平均每一元的現金，可創造三．〇九元的營業收入。

5.固定資產週轉率

此比率衡量每一塊錢的固定資產投入，可以創造多少的營業收入。由於單靠固定資產並無法創造營業收入，還必須搭配其他資產的投資，如存貨、應收帳款等。因此，固定資產週轉率是一種「相對」概念，以便與同業或公司歷史資料進行比較。分析之前，應先留意個別公司不同的經營方式，例如經營者若偏好以租賃設備替代直接購買，或公司偏好購買便宜的二手設備，都可能產生較高的固定資產週轉率，但卻高估公司固定資產運用效率。固定資產週轉率越低，代表固定資產的運用效率不佳，必須投入大量的生產設備才能夠維繫正常營運，如此一來，將大幅提高公司的固定成本及損益兩平點，不利公司的獲利表現及獲利穩定度。以T公司為例，若其固定資產週轉率為〇．九九六，而產業平均水準為一．五時，則經理人必須檢討是否有過度投資（分母太大）或是市場深度不足（分子太小）等問題。另外在企業財務分析中著名的「杜邦分析法」亦可提供經理人一個明確的價值驅動藍圖。杜邦分析法源於杜邦公司，美國杜邦公司根據資產報酬率的組成因素，建構一套完整分析系統。衡量企業三大指標間的相互聯繫，對企業的財務狀況及經營成果做出合理分析。主要藉由三項財務比率得出股東權益報酬

杜邦分析法公式

股東權益報酬率（ROE）＝ 總資產報酬率×權益乘數

$$= \frac{\text{稅後淨利}}{\text{平均總資產}} \times \frac{\text{銷貨收入}}{\text{銷貨收入}} \times \text{權益乘數}$$

$$= \frac{\text{稅後淨利}}{\text{銷貨收入}} \times \frac{\text{銷貨收入}}{\text{平均總資產}} \times \text{權益乘數}$$

＝ 銷貨利潤邊際×總資產週轉率×權益乘數

杜邦方程式

杜邦方程式	股東權益報酬率＝銷貨利潤邊際×總資產週轉率×權益乘數
T公司	15.12%＝23.41%× 0.527×1.226
產業平均值（調整前）	7.75%＝12% × 0.527 × 1.226
產業平均值（調整後）	9.87%＝23.41 × 0.527×0.8

率（ROE），三個財務比率的背後亦有各自代表的意義，其公式簡潔優美同時具有代表性。

要如何看杜邦方程式？以T公司與產業平均值為例，列出其杜邦方程式如右頁表。在產業平均值的ROE調整前與T公司比較，T公司的經營獲利能力較優，故其ROE較高；若產業平均值的ROE改為九．八七％與T公司再比較，則發現可能是因為使用較多的負債融資，而導致權益乘數擴大。

由上述簡單的例子，可推得：

- 銷貨利潤邊際表示**獲利能力**，數字越高，表示公司盈利能力及成本控制能力越強。
- 總資產週轉率衡量**資產的使用效率**，數字越高，表示公司運用資產提升銷售額的效率越高。
- 權益乘數表示公司使用**負債融資的程度**，數字越高，表示公司有效利用財務槓桿，但財務風險升高。

這個優美的公式，亦可以和前章歸納得七個驅動公司價值創造的因子進行連結。

價值創造的七個驅動因子與杜邦分析法

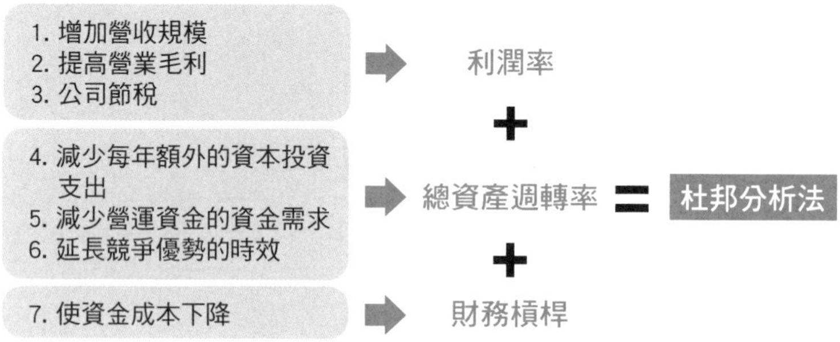

經理人欲提升公司的財務績效時，可以從三個大方向與七個子戰術著手。首先就提升利潤率的部分，經理人須盡可能提升公司營收，或者從提高毛利、節稅方面下手。提升資產的利用效率方面，可以減少每年額外的資本支出、減少營運資金需求或者延長競爭時效。在財務槓桿方面，則要盡可能利用便宜的資金來源如債務籌資，而減少使用權益資本的機會。而此方法，也十分適用在公司的評價分析。

流動性與長期資本結構分析

本小節的內容主要為了後續的第四章先行奠基相關財報分析知識。企業的融資決策來自於流動性與償債能力等相關財務比率的分析。其中流動性比率主要是探討短期的企業債務，而長期償債能力則針對長期負債。流動性分析運用資產負債表以及現金流量表綜合分析若干比率。

1. 現金流量比率

衡量公司在正常運作的情況下，營業活動所產生的現金流量是否足以償付（未來一年必須償還的）流動負債。若該比率大於一，表示今年營業活動所產生的現金流量已經足以支付帳上既有的流動負債，代表公司流動性佳。若該比率小於一，代表今年營業活動所產生的現金不足以支付既存的流動負債，必須仰賴其他資金的挹注，也意味著公司存在資金週轉不靈的風險，流動性較差。實務上也有運用營運現金做為分母來評估流動比率。

以下頁表T公司的現金流量比率為例，其二〇〇九至二〇一三年的現金流量比率大致維持在二，代表營業活動所產生的現金流量約為需償還流動負債的二倍，表示其營業活動所創造的現金流入大致能支應投資即籌資活動，但相對地，也應注意其現金的運用效率。

2. 現金利息保障倍數

主要衡量公司支付利息費用之能力，若保障倍數越高，代表公司短期償債能力越佳。

現金流量比率公式

$$現金流量比率 = \frac{營業活動之淨現金流量}{流動負債}$$

現金利息保障倍數公式

$$現金利息保障倍數 = \frac{營業活動之淨現金流量 + 所得稅付現額^{*} + 現金利息支出}{現金利息支出}$$

＊所得稅付現額＝所得稅費用＋應付所得稅減少數＋
遞延所得稅資產增加數＋遞延所得稅負債減少數－
應付所得稅增加數－遞延所得稅資產減少數－
遞延所得稅負債增加數

T 公司歷年的現金流量比率

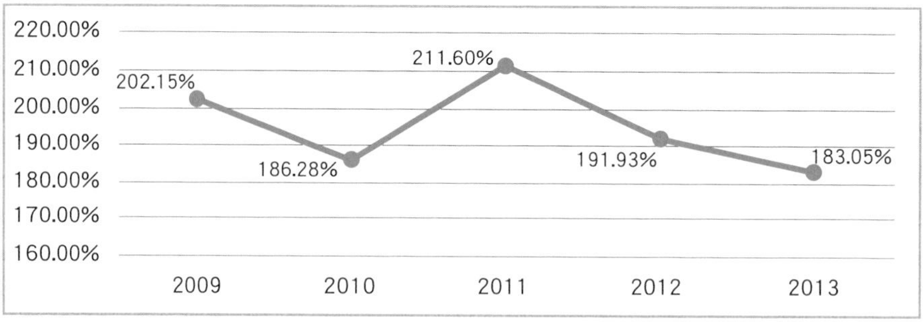

現金利息保障倍數大於一，代表營業活動所產生的現金足以支付利息費用，倍數越高，說明公司短期償債能力越佳；若小於一，代表營業活動所產生的現金流量不足以支付利息費用，公司必須具有良好的短期資金調度能力，否則無法按時支付利息的可能性愈大，具有較高的違約風險。

實務上，利息保障倍數同樣用來衡量公司的短期償債能力，但兩者主要差異為現金利息保障倍數，是以稅前息前營業活動淨現金流量為基礎（或稱現金基礎），利息保障倍數則以稅前息前淨利為基礎（或稱應計基礎）。現金利息保障倍數能較明確反映公司的付息能力，因支付利息是以現金償付。

關於資本結構分析的議題則會牽涉到公司資本的生成。下頁表列出公司資本的生成包含普通股股東權益、長期資本、權益資本等幾個來源。

長期負債

公司的長期負債有以下幾項特色：

- 長期負債資金成本低於普通股及特別股。
- 不會有控制權及盈餘被稀釋的問題。
- 舉債可以使企業享有稅盾效益。

公司資本的生成來源

總資本	定義：扣除利息費用與股利前的稅後淨利 總資本之投資報酬＝稅後淨利＋利息費用×（1－邊際稅率）
長期資本	定義：尚未扣除長期負債利息費用與股利前之稅後淨利 長期資本之投資報酬＝稅後淨利＋利息費用×（1－邊際稅率）
權益資本	定義：支付利息費用後、分配股利前之稅後淨利 權益資本之投資報酬 ＝稅後淨利
普通股股東權益	定義：支付利息費用、特別股股利後、分配普通股股利前之稅後淨利 普通股股東權益之投資報酬＝稅後淨利－特別股股利

・公司有必須按時還款壓力（財務風險）。

・股東債權人間代理問題，債權人會設保護條款，使公司決策彈性降低，也降低經營效率。

權益資金

公司的權益資金有以下幾項特色：

・沒有還本付息壓力

・享有較大的決策彈性

・資金成本較高

・控制權及盈餘稀釋問題

欲評估公司的長期償債能力，焦點在於長期資金來源的配置狀況，與其相關的則是債務資金與權益資金的配置。資本結構為何會影響一家公司的長期償債能力？原因在於資本結構會影響公司的財務風險及資產獲利能力。

公司在初始舉債前後，總資產報酬率皆不變，原因是資產報酬率僅考量資產的獲利能力，與融資來源為何無關。當公司的負債開始增加，股東權益報酬率及每股盈餘的不穩定度也都開始增加，一方面債務的利息能抵稅，進而減少所得稅的支出，但債務的增加也會導致破產機率增加。此種因操作負債而導致公司經營績效不穩定增加的現象，稱為**「財務槓桿作用」**。因運用財務槓桿，使公司增加額外的風險，即為「財務風險」。財務槓桿雖提高公司財務風險，但也帶來增加報酬的機會，如繁榮時股東權益報酬率大於總資產報酬率，衰退時相反。以成本效益觀之，公司稅後負債成本為「借款成本 ×（1－稅率）」，只要總資產報酬率大於稅後負債成本，就表示舉債投資有利可圖，對股東有利。

財報的局限性

本章一再強調一項觀念：企業營運就像無數的財務規畫交集而成，即是一次又一次的財務規畫。適時檢視過往的財務規畫績效，並用以修正調整未來將發生的財務規畫與期待產生更大的報酬，是可行的做法。這也是財務報表分析之所以關鍵且起作用的原因。

但不要忽略財報分析可能潛藏的弱點，財務報表可以反映企業過往財務規畫的軌跡，但並非所有的事項都能反映在財報上，因此，雖然財務報表分析絕對是經理人在做企業管理時不可或缺的能力，仍需搭配其他的觀察與情勢判斷，方能長遠保持競爭力，讓企業永續經營。本節筆者將詳細介紹財務報表的限制，以供各位經理人參考。財務報表具有四大局限性：

1.只能反映過去一段時間的績效

這是財報分析最受批評的一點，但筆者深刻感受到批評者在批判時，完全忽視了財報的基本特性以及財報分析背後的真正價值。原則上，顯示落後資訊是財務報表分析必然的限制，因為財務報表既然是記錄企業經營的「軌跡」，勢必為已經發生的事，但這無損於財報分析的價值。財報分析本來就是建立在審視過往軌跡後的修正與改進；批評者在提出財報呈現落後資訊，因此貶低其價值時，完全忽略了財報分析的功能本來就是要「以古鑑今」，而非未來百分之百的預判。因此，經理人確實無法完全依賴財報就找到未來十年的成長利基，但是財報分析仍可以給經理人逐步修正其策略的依據，以期提高穩中求勝的可能性。

2. 無法確實表達無形的資產或品牌價值

企業在發展的過程中，有很多無形的影響力或是軟實力。比方說社會上的良好形象、品牌背後潛藏的巨大價值等，都是僅憑財務報表無法獲知的資訊，例如國內知名的單車品牌捷安特一開始在國際上嶄露頭角，是透過贊助環法自行車賽事，其後再強調品牌精神必須跟消費者連結，以產生企業的使命感。捷安特前董事長劉金標對於經營品牌的看法是「做品牌要有決心與恆心，一開始就要把放棄的念頭拿掉。」建立一個品牌要花多久時間？他回答：「至少二十年。」建立品牌的策略是需要一個非常長期的時間維度，但企業的財報時間維度大多是以月季年三種時間長度呈現，實務上也很少分析超過五年的財報，其衍生的問題在於，經理人雖欲建立長期關乎企業存續重大的策略布局，但這種中短期的分析方式很難與長期的成果相符。也因此對於經理人而言，這點需要特別注意。對於一般投資人而言，僅憑財報分析也很難看出企業背後隱藏的品牌價值，例如我們就無法從捷安特的財報中看到珍貴的品牌價值。

3. 無法看出表外潛藏負債

企業在報表的編制中，有許多未來可能產生的費用，都是根據一定機率的預估值，也因此在編製財務報表時，若選取的預估機率不符事實，則可能產生未來的費用損失。舉例來說，許多企業在避險時會透過一些衍生性商品，這些商品在特殊情況下的損失，可能是平時獲利的數十倍。因此一旦發生損失時，其損失的金額是平常透過財報分析無法事前預知的。例如在二〇一五年前，許多台商都透過銀行持有「**目標可贖回遠期契約**」（Target Redemption Forward, TRF）。簡單而言，TRF是一個根據人民幣匯率對賭的商品，許多台商在二〇一五年以前，人民幣逐步升值的背景下，押注人民幣升值，不料日後人民幣大貶，讓許多公司損失達到可能獲利的數十倍。這是企業經理人在公司經營或欲併購其他公司時，不可不注意的重要風險。

4. 無法量化的企業風險

第四點的財務報表的限制，則是在於企業營運日常複雜的營運風險，其中潛藏著許多不可量化的風險。企業的組成來自人，所以有些人將企業看成一個大型的有機體，人無可避免地出現錯誤，如同企業亦是。尤其當現代企業分工更加複雜化後，千奇百怪的風險也更加容易發生。舉例而言，二〇一五年、二〇一六年，有兩間全球知名的公司都出現事前難以預估的風險，也讓經理人和外部投資人措手不及。二〇一五年，德國最大的汽車公司福斯集團涉嫌在官方廢氣排放檢驗的過程中，使用特殊軟體造假，並讓數據與真實結果產生巨大落差。此件事不僅重挫福斯股價，公司亦收到高達一百八十億美金的罰單，集團還為此事撤換CEO。二〇一六年，三星集團的手機產品出現重大的設計瑕疵導致鉅額損失，原因是其明星產品 Galaxy Note 7 在全球發生的電池自燃或爆炸事件，不僅嚴重影響該公司的產品信譽，其後續的召回亦出現難題。全球各地的快遞業都宣布不願運送該產品，導致維修、換貨等無法進行，在緊急調整產品換成另一批後，仍無法解決該問題，三星只好於二〇一六年十月初，宣布停賣，並啟動全球全面回收。以上這兩起的事件，都來自於企業日常複雜的營運風險，但因為在規模擴大後，其牽涉的層面以及可能的損失金額，都非平常事件所能企及。也因此，越來越多的顧問公司與企業已經開始注意這方面潛在的風險，現代經理人在企業管理的過程，亦須嚴加注意。

本章回顧

本書第一章強調了企業提升財務力的重要性，除了經營管理的能力，從財務的角度出發，所有的資訊都會記錄在財務報表上。

經理人若能洞悉自己與競爭對手的財務報表，將有助於公司價值的最大化，而財務報表的解讀，也是所有財務決策的前提，股神巴菲特亦多次在給股東的信上強調財務報表解讀分析的重要性，他本人每天也花相當大量的時間在閱讀企業財務報表。筆者在章末也提供檢查表供讀者參考，列出在財務報表分析上的注意事項。

☑ 檢查表 ▌財報分析實務與運用

1. 公司的三大財務報表分別是：
   - ☐ 資產負債表
   - ☐ 綜合損益表
   - ☐ 現金流量表
2. 財務報表的分析原理有：
   - ☐ 運用財務比率
   - ☐ 靜態分析（共同比分析）
   - ☐ 動態分析（比較分析與趨勢分析）
3. 在資產負債表的左側，也就是資產項目，可以著墨的財務策略有哪些？
   - ☐ 找到可以創造企業價值的資源
   - ☐ 尋求現金以及最佳化資本配置
   - ☐ 做好資產的組合管理
   - ☐ 適時的裁撤或出脫某些資產項目來維持價值
   - ☐ 併購活動／新創事業投資
4. 在資產負債表的右側，也就是負債項目與權益項目，可以著墨的財務策略包括？
   - ☐ 注意企業的信用評等
   - ☐ 追求最適資本結構
   - ☐ 做好資本管理
   - ☐ 股利及股票購回策略
   - ☐ 股票的流動性
5. 最常被探討的財務報表四大局限性，包括：
   - ☐ 只能反映過去一段時間的績效
   - ☐ 無法確實表達無形的資產或品牌價值
   - ☐ 表外潛藏負債無法看出
   - ☐ 無法量化的企業風險

關於下一章

第一章提出在更加競爭的商業環境，提升財務力才能綜合提升企業的競爭力，而其關鍵在於制定財務策略。而此章則希望透過財報分析的架構，使讀者們能夠進而從財務報表的檢視與分析上洞察機先，並運用三大報表的資訊，搭配企業所適合的良好融資策略（第四章）以及投資策略（第三章）來達成財務力最大化，而奠定這些基礎後，運用財報的資訊同樣可以評估外部的公司（第六章），並利用併購（第七章）更加靈活的擴大企業營運。因此財務報表解讀與分析可說是提升財務力不可或缺的基本功。

第 3 章

公司投資決策——與營運策略相得益彰

【案例】麥當勞退出台灣反映的邏輯

二〇一七年六月二十一日，台灣麥當勞發布一項重大消息：將以約五十一億元價格出售，而接手的對象是時任國賓總經理李昌霖成立的德昱，此案受到社會的高度關注，並先後經由經濟部投審會、公平會通過，此後，李昌霖成為麥當勞在台灣市場的授權發展商，包含全台將近四百家麥當勞餐廳。

早在二〇一五年即傳出美國麥當勞總公司有意出售在台灣所有麥當勞的相關業務，消息一出，讓人非常吃驚。因為台灣的麥當勞在世界各國的業務中績效卓越，且穩定的獲利能力給公司帶來不小的助益。我們不免想要問幾個問題：為何連年獲利的台灣麥當勞業務仍遭總公司出售？背後代表的財務策略邏輯為何？

為什麼美國的麥當勞總公司會出售年年賺錢的台灣業務？必須先回到公司對於台灣的業務策略考量。台灣麥當勞在成本控管上與經營效率上確實了得，但單靠降低成本絕非長久之計。關鍵在於美國總公司對於長久的資本配置。美國總公司在未來的資本配置藍圖中，並不包含台灣的麥當勞業務，因此為了將公司的資源投注在報酬更好的領域，選擇將台灣麥當勞出售，並回收資本，分配在更有價值的投資標的上。

出售台灣麥當勞的決定可以分成兩個層面探討：一是台灣速食業的前景，台灣是一個市場較小的經濟體，經濟高度成長的時期也已經結束，美國麥當勞基於對未來的預測，認定以資本配置的角度，不該把資源繼續配置在台灣；二是美國速食業的年年衰退，面對消費者與社會氛圍對速食業的偏好減低，全美的速食業者都面臨極大的壓力，而其中龍頭企業麥當勞更可謂承受的壓力最大。在速食本業無利可圖的情況下，資金最有效率的配置僅剩兩個選擇，一是併購其他領域產業或者發放股利，二是將資金還給股東。麥當勞選擇的正是縮小其業務，並將出售子公司的資金用於發放股利，或是另外投入其他有利可圖的事業體。

事前評估

企業存在的目的就是獲利，然而要如何才能持續獲利？**關鍵就是持續的投資**。企業的投資活動分為兩類：一是維持日常營運的經常性投資，又稱為營運資金；一是為實現長期策略規畫所進行的資本投資。資本投資對企業價值的增加格外重要，因為資本投資將會牽動未來一系列現金流量的變化，而未來的現金流量，正是決定企業「今日」價值的關鍵因素。資本預算是指為企業尚未實現的資本投資活動，進行未來現金流出量與流入量的事前規畫。

但基於現實條件，在經濟資源有限的情況下，企業不可能漫無目的的投資，因此投資最重要的考慮就是：如何選擇適合企業的投資決策？企業在事前的評估應該注意的事項有以下幾點：

1. 總體環境的預測

對於總體環境的看法與預測能力，關乎於企業對於資源配置與調度的準備，企業在分析外部環境的未來情勢時，可以採取「**由上至下的分析方法**」（Top-Down Approach），由全球明年的整體景氣預期、目標市場國的景氣分析、該行業內的前景、再到自身處於該業內地位的因應策略等，進行完整的分析。舉例而言，一家總部設在台灣、製造廠設於東南亞、向歐美銷售電子產品的公司，可先分析出來年全球預計的經濟成長率，再逐一檢視生產地東南亞與銷售地歐美的經濟預測，最後是該電子產品在明年的預期銷售，以及在行業內競爭者與自身所採取的策略比較。這樣的方法好處在於，可以用總體的概念來進行預測，但也需要比較高的預測能力才能推估出較準確的結果。

有了預測結果，該公司更容易藉此調整生產與銷售策略，比如得出的預測結論是明年市場前景樂觀，就需要提前增加產能來預備；或分析出明年的生產原料將大漲，則可以考慮先行採購更多的原料，或透過一些金融商品避險。

2. 投資目的的評估

企業的投資，往往是一段長期的過程。投入一項對的技術或新市場，可能讓企業創造十年以上的榮景。試想，若沒有賈伯斯在二〇〇七年勇敢讓蘋果公司跨入手機市場，蘋果不可能創造這十幾年來的榮景。投資的目的常常帶有策略性，可能是提升營運效率、需求缺口、策略性取得經營的合法性、市場先行進入等理由，因此短期內的損失都是企業可以忍受的範圍，這個期間可能長達三、五年，端視企業的考量與評估。

但企業經理人常見的心態在於，無法勇敢割捨已投入巨大時間與資源之投資，舉例而言：某生技公司老董為公司推動新一代抗癌藥劑研發計畫，多年來成效不彰，經公司內部討論，財務部主管問他為何不終止，他說：「怎麼可以？都已經花了兩億，現在定期的追蹤專案的可行性以及目標的檢視，結束，豈不是全部泡湯了？」定期追蹤專案的可行性及檢視目標，一旦投資所產生的效益與所投入的成本不成比例，企業也要勇於斷尾求生。

3.風險的衡量

企業在投資的過程中，常會出現以下幾個風險：營運資金是否不足、資產負債表結構導致的營運風險、跨國投資的匯率風險以及政治風險。

企業的投資活動分為兩類：一是維持日常營運的經常性投資（又稱為營運資金）；一是為實現長期策略規畫所進行的資本投資。日常性營運需要一定的營運資金，若是企業未能善加控管該風險而進行過於冒險的投資，可能造成資金鏈無以為繼，導致即使企業的「會計處理」尚有獲利，現金流仍無以為繼的「黑字倒閉」。黑字倒閉案例在台灣時有所聞，例如公司可能因為進行過快的店面擴展計畫，而造成許多貨款已付出、但獲利的帳款卻還未收進來，公司因此倒閉。

而長期的資本投資，則要注意資產負債表的結構所帶來的營運風險。資產負債表的結構上有可能因為過度投資造成兩個結果，一是過大的規模或資產，另一個則是因為過度舉債導致惡化的財務結構。過度追求擴張所造成的過大規模，易使企業喪失彈性，國內企業常見的代工模式就是很好的例子，因客戶餵養訂單而積極擴廠，再因客戶抽單

事前評估與預測

總體環境的預測

- 對未來整體環境看法樂觀或悲觀
- 生產、庫存、銷售的預期

投資目的的評估

- 需投入的成本
- 投資目的：提升營運效率、需求缺口、策略性取得經營的合法性、市場先行進入
- 預期可創造之價值創造評估

風險的衡量

- 營運資金是否不足
- 營運模式的風險來自資產負債表的結構
- 跨國投資的匯率風險、政治風險

要求降價，導致獲利降低。而過度擴張使企業的財務結構惡化，也可能使企業的債信等級降低，進而造成更高的籌資成本。此外，企業的財務結構一旦失去彈性，對後續許多策略的執行都可能產生阻礙。

最後，在跨國企業經營的過程中，由於各國的國情、文化、政治氛圍及使用貨幣都不同，因此在從事跨國資本投資之時，更需要注意跨國的政治風險還有因匯率波動而產生的匯率風險，關於此部分的細節詳見第五章。

企業現況與策略

企業完成事前評估後，首先須更細緻地檢視自身的現況以及發展策略，將

其營運狀況跟同業相比。處於產業龍頭地位的公司跟第二的公司所選擇的策略必定有所不同；研發能力強的公司跟成本控管能力強的公司所選擇的投資策略也不同。

第二要考慮的問題是公司未來幾年的發展會不會更好？公司如果未來幾年的營運是正向發展，增加投資也才有意義，若公司的營運並非穩定成長，則需考慮是否轉換投資其他事業，為企業創造下一波榮景。

第三個思考的問題是，公司是否有長期穩健營運的發展機會？若公司無法在該業界創造這樣的發展機會，那投資的首要目的應是取得穩定營運的要素，諸如技術、人才甚至是規模等，藉以拉開競爭優勢。

第四個思考點在於公司的產業特性、營運模式的前景及公司獲利狀況。產業特性對於公司的營運影響至關重要，由於現在物聯網、區塊鏈、人工智慧、自動化等技術發展迅速，拉低了許多行業的競爭門檻，因此許多產業如網路產業等呈現了一項特質，那便是整體行業的所得，高度集中於業界內前一、二名，公司無不努力增加自己的規模或技術優勢，以成為業界內的龍頭。在這樣的格局下，規模小的公司同樣能透過靈活與新技術取得一定的利基，唯獨中規模公司將徹底消失。因此處於中規模之公司，可選擇努力投資擴大業界內影響力，亦可選擇出售資產來專注最強的優勢並保持靈活性。這是許多產業正在發生的變革，因此經理人對策略的選擇就更加重要，在投資的加減哲學之間抉擇，將關乎此後十年的競爭優勢。

公司現況與策略

制定投資決策時須思考：所處的現況、營運生命週期及未來發展策略

初創期
- 策略重點：活下來、活得好
- 公司財務之不確定性與風險皆大
- 無多餘現金發放股利
- 適合：Equity Funding

➡

成長期
- 策略重點：建立品牌、築起進入障礙
- 公司營運風險仍高，但財務風險較低
- 可能有較高保留盈餘再投資

➡

成熟期
- 策略重點：維持營運穩健
- 公司營運風險與財務風險較低
- 豐收期，高現金股利

➡

衰退期
- 策略重點：下一個成長動能
- 公司營運面臨衰退風險
- 銀彈充裕尋求創新技術或市場

第五個思考點可以從公司的生命週期出發，並結合前四個思考點來做出判斷，如本頁圖所示，生命週期各個階段公司要考量的投資策略都不同。

在公司剛誕生的初創期，因營運的風險與財務風險極高，不確定性高的結果導致能發揮的策略相當少，其重點就是存活下來，也無需多思考投資策略。

在公司確定存活以後，於成長期要做的就是盡可能樹立競爭障礙，雖然此時營運的風險仍高，但整體而言公司的募資能力大增，應運用此優勢全速投資，盡可能與同業拉開差距。現在有許多獨角獸公司都處於此階段，諸如AirBnB、Uber、特斯拉等。

例如，特斯拉目前是全球知名的電動車公司，傳統汽車大廠對於電動車市場一直興趣缺缺，汽車業者相信這是未來的趨勢，但對於怎麼投入市場卻一直沒有關鍵性的做法，也因此早期的投入度都不高。直到特斯拉創造出一台可以升級的電動跑車後，電動車市場才漸漸有了未來性，為了在未來成為電動車領頭羊，特斯拉募集了許多資金快速建立生態鏈，以防眾多車廠們迎頭趕上。對於特斯拉來說，資金、技術、人才等競爭要素都不缺，最缺乏的反而是——時間，因此該公司的策略選定，很明顯的就是以大量燒錢來快速建立起競爭障礙。

在公司進入成熟期後，其營運的狀況大抵穩定，投資活動的重點在於使日常營運穩定，重大資本支出與前一階段不同，但值得注意的是，此階段公司可能會有較佳的股利政策或股票購回來回饋投資人。

最後是進入衰退期，這是公司無可避免的過程。今日的高科技可能成為未來的傳統產業，技術的飛快演進，必定讓公司的事業慢慢老化。此時，適時裁撤公司的部分事業體，並投資其他領域是公司可以考慮的投資策略，這同時考驗著經理人的資本配置能力，能選擇有利可圖的事業體並集中資源發展，牽涉的不僅是資源的配置能力，其公司的文化與既有部門的反彈都可能阻礙變革。

資本預算制定

資本預算是指企業為尚未實現的資本投資活動，
進行未來現金流出量與流入量的事前規畫

資本預算的制定

制定投資策略的流程，除了做好事前的評估、思考自身的商業力外，接著在本節我們將著重於資本預算的制定。制定與評估企業短期日常營運的經常性投資，技術上並不難；但是如果是為了實現長期策略規畫所進行的資本投資，因為金額往往龐大許多，時效亦長達數年，因此，將複雜許多。資本投資對企業價值的增加格外重要，牽涉到企業未來一系列現金流量的改變，而此正是決定企業「今日」價值的關鍵因素。

什麼是資本預算？指的是對於企業尚未實現的資本投資活動，進行未來現金流出量與流入量的事前規畫。在資本預算制定上，任何經理人都必須先仔細思考三個重點：投資計畫的效益、投資計畫的副作用以及如何找到相應的資金來源。

1. 衡量投資計畫的效益

在衡量投資效益時，最重要的考慮點便是必須是「增量現金流量」，亦即以適當的財務方法計算未來若干年的現金流量，最後的現金流量必須是正的。在討論評估的財務方法之前，要特別強調的一點是，未來現金流量必須採取稅後的現金流量衡量，才會符合企業投入該投資項目之資本報酬率計算。而現代跨國企業的複雜架構，也會使得收支的貨幣數量相當多樣，這其中的匯率風險控管要特別注意。財務方法的選擇常見有以下幾種方法：回收期間法、淨現值法、內部報酬率法、獲利能力指數法等。

①**回收期間法**：指公司在投資計畫進行時，期初投入成本後，預期可以回收此成本所需要的年數，亦即當此計畫進行到特定時點所累積的淨現金流入量等於期初投入成本所歷經的時間。回收期間法優點是容易計算及了解，且可衡量投資計畫「變現能力」。回收期間法的缺點是，沒有絕對的標準可判斷回收期間是否過長。此外，也未考慮在回收成本後，該計畫尚可產生的遠期現金流量。最重要的是未能考慮貨幣時間價值（機會成本）的影響。

②**淨現值法（又稱NPV法）**：是將所有現金流量以資金成本折現，使其產生的時間回到決策時點，並在相同時點上比較各期淨現金流量總和與投入成本的大小。淨

回收期間法數學式

$$\sum_{t=1}^{T} CF_t - CF_0 = 0$$

CF_0：期初投入現金

CF_t： t 期的現金流

回收期間（T）可由下式估得：

回收期間（T）＝完整回收年數＋不足一年的回收年數

淨現值法（NPV 法）數學式

$$NPV = \frac{CF_1}{(1+k)} + \frac{CF_2}{(1+k)^2} + \cdots + \frac{CF_n}{(1+k)^n} - CF_0 = \sum_{t=0}^{n} \frac{CF_t}{(1+k)^t}$$

$t = 0,1,2,\cdots,n$

CF_0：期初投入的金額

CF_n：第 n 期的現金流

k：折現率

現值法優點是考慮了貨幣時間價值及所有的現金流量。NPV（淨現值）代表著投資計畫對公司價值的直接貢獻，最能反映其對股東財富的影響。此法符合價值相加法則，即指公司總價值的增額，相當於個別獨立投資計畫的貢獻總和。而且在互斥型方案中選擇時，唯有NPV法能提供最正確的決策。可是，NPV法的缺點是未能反映成本效益的高低。

③**內部報酬率法（又稱IRR法）**：能使投資計畫產生的現金流量折現值總和等於期初投入成本的折現率，也就是能使NPV剛好等於零的折現率，表示將資金用於該投資計畫時，平均每期可得到的報酬率。當IRR（內部報酬率）大於資金成本時則表示有利可圖。IRR法優點在於考慮貨幣的時間價值與所有的現金流量。同時以報酬率形式表達，易於與資金成本進行比較。其缺點為在評估互斥方案時，可能產生錯誤的決策，此外，對再投資報酬率的假設也不合理，在非正常現金流量的情形下，可能計算出超過一個的IRR值，也不符合價值相加法則。

④**獲利能力指數法（又稱PI法）**：將投資計畫在未來所產生之現金流量折現總值，除以期初投入成本所得到的比率，或可稱為**成本效益比率**。因此當分子大於分母，也就是PI（獲利能力指數）大於一的時候，公司才會在此投資案中增加其價值。PI法的優點是考慮貨幣時間價值與所有的現金流量，並有客觀的決策標準，且PI法不會有多重解的問題。更重要的是，如果最佳的投資計畫因資金受限而無法實行、必

內部報酬率法（IRR 法）數學式

$$NPV = \frac{CF_1}{(1+IRR)} + \frac{CF_2}{(1+IRR)^2} + \cdots + \frac{CF_n}{(1+IRR)^n} - CF_0 = 0$$

CF_0：期初投入的金額

CF_n：第 n 期的現金流

獲利能力指數法（PI 法）數學式

$$PI = \frac{\sum_{t=1}^{n} \frac{CF_t}{(1+k)^t}}{CF_0}$$

PI：獲利能力指數

CF_0：期初投入的金額

CF_t：第 t 期的現金流

k：折現率

須以其他次佳計畫來替代時，PI法可做為篩選替代方案的良好工具。PI法的缺點是，對互斥方案的評估結果，可能無法極大化公司的價值，此法無法反映出對投資計畫的直接貢獻，不符價值相加法則。

2. 投資計畫的副作用

在使用財務工具評估過後，理性的經理人會執行可以提升公司價值的投資機會，但現實的情況常常是，由於公司資源有限，會產生互相排擠的投資計畫，稱為「互斥」。站在極大化公司價值的立場，必須選出對公司最有利的投資機會，也就是在相同的比較基礎上，能提供相對較多的好處，例如NPV較大的計畫。在進行互斥方案的評估時，除NPV法外的其他準則或多或少都有其缺點，不如使用NPV法來得簡單省事。另外一些非財務的因素，也可能強烈的影響投資專案的成與敗，經理人不可不慎。尤其是利害關係人的態度，例如股東、NGO、債權人、政府，甚至是工會勢力等，國內因為地方環保勢力的抗議而使公司投資案中止的例子時有所聞，國內外許多大型的併購案也時常因為工會、原股東或是政府的反對而中止。

3. 相應投入的資金

所有的投資都來自於公司的籌資能力以及資本配置，既然投資策略中有根據時間

衡量投資效益案例

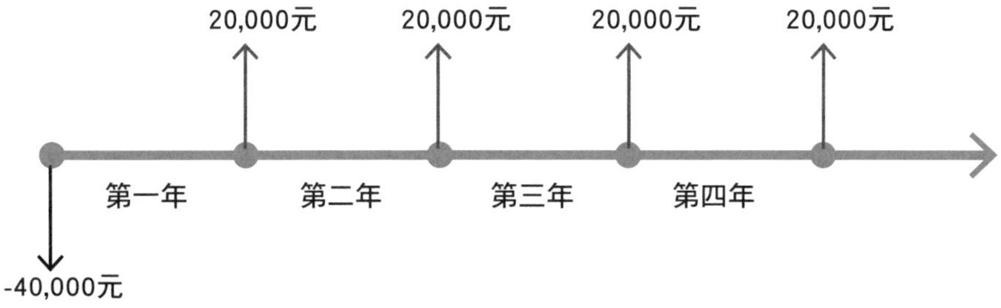

若有一個投資計畫，在期初投入40,000元，之後的四年中，
每年可以回收20,000元，年利率為5%。四種衡量法的計算方式如下：

・回收期間法：直接計算在第幾年後回收現金可以大於40,000元。

$$回收期間 = 2 + \frac{0}{20000}$$

・淨現值法：將每年的回收現金5%折現，計算此投資案總和。

$$NPV = -40000 + \frac{20000}{1+5\%} + \frac{20000}{(1+5\%)^2} + \frac{20000}{(1+5\%)^3} + \frac{20000}{(1+5\%)^4} = 30919$$

・內部報酬率法：設想此投資案的總和為0的話，此時的折現利率為此投資案的內部報酬率

$$IRR = -40000 + \frac{20000}{1+IRR} + \frac{20000}{(1+IRR)^2} + \frac{20000}{(1+IRR)^3} + \frac{20000}{(1+IRR)^4} = 35\%$$

・獲利能力指數法：每年的回收現金以5%折現後相加除以期初投資的40,000元所得出的比率，大於1則表示有利可圖。

$$PI = \frac{\frac{20000}{1+5\%} + \frac{20000}{(1+5\%)^2} + \frac{20000}{(1+5\%)^3} + \frac{20000}{(1+5\%)^4}}{40000} = 1.77$$

的長短區分的日常性營運投資以及長期性的資本支出，融資策略中亦有長短之分。因此如何規畫相應的營運資金或增加資產規模所需的籌資來源等相應的融資策略，也是公司財務力非常重要的一部分，同時財務結構須搭配公司整體的財務彈性。詳細的融資策略請參閱第四章。

投資形式

常見的投資形式包含四種變形，公司在發展新技術之時，由於時間的長短以及文化磨合能力等問題，共分成四個象限。其中一個維度就是時間，傳統的企業欲發展新型的技術或領域時，只能選擇從頭開始，緩步發展新的技術，日本的山葉公司（Yamaha 株式会社）可說是該種發展模式的代表。早在十九世紀末創辦人山葉寅楠開始了樂器維修與製造的事業，之後累積了對木造的技術後發展家具事業，二戰時期因其木造技術開始協助日本政府製造軍用戰鬥機的螺旋槳，而後接觸了發動機製造的技術，開啟了其機車事業的版圖。另外原先的樂器製造事業，也因其持續精進，最後跨足了電子音樂設備、音效卡、音樂軟體，還跨入日本動漫文創產業，還間接促成「初音未來」這個虛擬偶像的角色。

山葉公司是從頭開始發展的事業，優點是可以從頭塑造新事業體的文化，創造出跟

常見投資形式

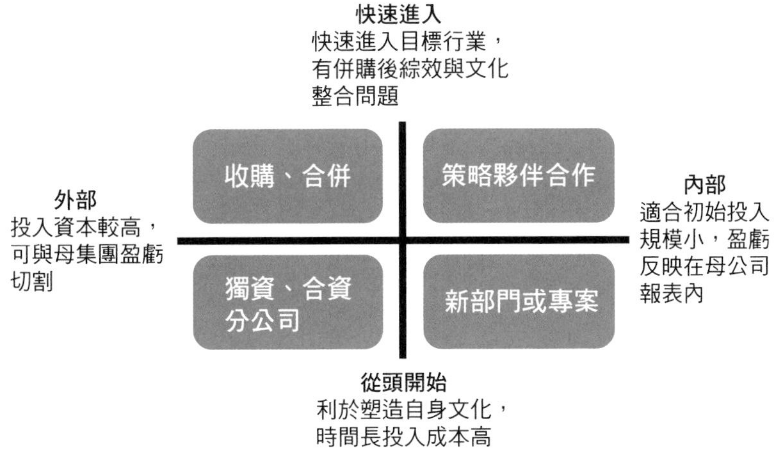

母集團較為搭配的新公司或部門；但缺點是曠日費時，尤其在現代更加競爭的商業環境中，時間往往就是能否站穩市場的關鍵。因此，現代企業更喜愛的做法為直接取得現成的技術、人才團隊或市場來滿足變化快速的商業世界。公司透過投資逐漸壯大的方式，增加了另一個維度區分投資形式：從內部慢慢擴張的內生增長以及從外部擴張的併購或創立子公司。在內部發展新事業的好處在於，適合初始投入規模小的階段，初期在人才與資源的需求上可以與原本公司共用，但缺點是投資所需的成本及盈虧都會反映在公司的報表內，並影響財務數字。在外部發展的投資形式，則可以避免這個缺點，切割與母集團財務數

山葉公司的多角經營技能樹*

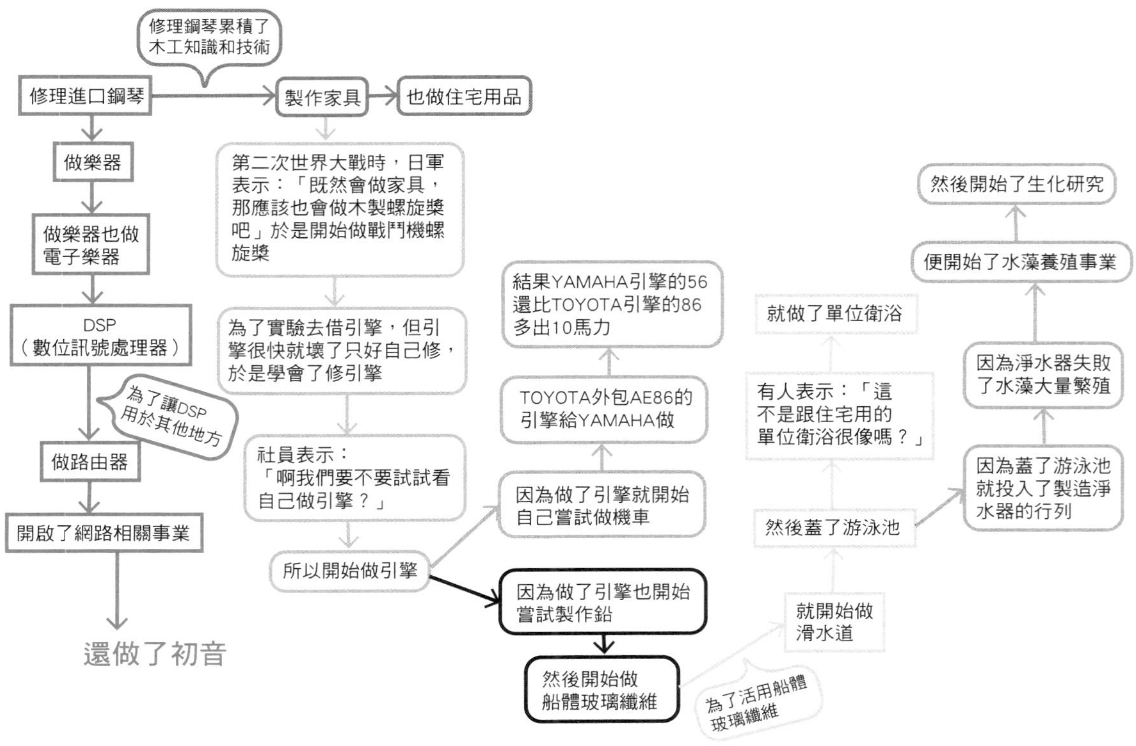

修理進口鋼琴
修理鋼琴累積了木工知識和技術
製作家具
也做住宅用品
做樂器
做樂器也做電子樂器
DSP（數位訊號處理器）
為了讓DSP用於其他地方
做路由器
開啟了網路相關事業
還做了初音
第二次世界大戰時，日軍表示：「既然會做家具，那應該也會做木製螺旋槳吧」於是開始做戰鬥機螺旋槳
為了實驗去借引擎，但引擎很快就壞了只好自己修，於是學會了修引擎
社員表示：「啊我們要不要試試看自己做引擎？」
所以開始做引擎
因為做了引擎就開始自己嘗試做機車
TOYOTA外包AE86的引擎給YAMAHA做
結果YAMAHA引擎的56還比TOYOTA引擎的86多出10馬力
因為做了引擎也開始嘗試製作鉛
然後開始做船體玻璃纖維
為了活用船體玻璃纖維
就開始做滑水道
然後蓋了游泳池
有人表示：「這不是跟住宅用的單位衛浴很像嗎？」
就做了單位衛浴
因為蓋了游泳池就投入了製造淨水器的行列
因為淨水器失敗了水藻大量繁殖
便開始了水藻養殖事業
然後開始了生化研究

* 資料來源： http://news.ebc.net.tw/news.php?nid=32829

字的影響，但缺點是必須投入較高的成本，創立外在公司或合併收購。

根據「時間長短」以及「內外部發展」這兩個衡量維度來區分成四個象限，各有屬於該象限的投資方法，從最簡單的由內部成立新部門或專案，到最複雜的併購，經理人可以根據自身的優勢與資源，選擇合適自己的投資策略。

投資的減法

企業經理人在日常營運管理時，要將兩項任務做到極致，一是以優異的管理能力控管人才、成本、銷售等，提升企業經營效率，這是多數經理人追求或已經達到的目標，也是許多傳統管理學討論的重點，例如六個標準差、豐田式管理等。這在台灣科技業也是常見的經營者思維：如何拿到更大的訂單？如何創造成本更低的生產鏈？如何提升每位員工的產值？專注於管理能力的經理人，可以很直接地創造出利潤，並可更專注於本業。

另一個任務則較為多數經理人忽略：**設法優化資本配置**。資本配置的一個進階觀念在於公司的每股價值是否增加，而不在於整體的規模或者獲利的數字大小。許多企業認為營收規模的增加、市占率的高低，或是稅後純益的高低至關重要，這些財務數字當然重要，但如果僅僅考量這些問題，就如同一位執行長只專注於提升管理能力，卻無視於資本配置能力。將問題的答案簡化至此，其實犯了一個嚴重的邏輯謬誤：這些經濟成果究竟是投入了多少的資產？或是權益資金所創造出來的？試想一間龐大如國家的企業，其業務包山包海，營收規模富可敵國，但卻是以股東的大量資金投入做為代價，因此，資產報酬率（ROA）或股東權益報酬率（ROE）的數字，說不定還比不上營收規模僅十分之一的企業好，這表示企業雖然籌得大量的資金，卻未能有效運用。因此經理人更應關注的是如何讓每股價值增加。透過做好資本配置與高端部署企業的資源，選擇報酬最高的投資決策。

即使企業規模再大，可分配的資源還是有限，經理人要做的就是把資源挹注在最佳報酬的事業體，使資產負債表左側的資產項目進行最佳化。同時，在企業發展的過程中，任何行業都不免面臨衰退，再出現新型的商業模式。因此，適時的裁撤不合時宜的部門或事業體，將資源與人力部署轉到有利可圖的事業中，是身為經理人重要的責任，如同本書一再強調的觀念：企業的日常營運就是無數次的財務規畫交集，做好資源配置，才能在一次又一次的財務規畫中獲取更高的報酬。

裁撤不合適部門或事業體，可以使企業釋放資源的速度加快，讓經理人加速資本優化的過程。減法對企業的重要性，考驗著CEO的經營智慧。筆者認為塑造平衡的企業文化，避免資源過度傾注於某個部門或事業體，同時盡可能維持組織扁平化，保持組織的最大彈性，才有利於企業在裁撤部門以及資源配置的靈活度上取得速度。

稅賦規畫

「公司價值極大化」是公司經營的首要目標。因此，公司經營的收入，必須扣掉一連串的成本，最後向政府納稅後，剩下的才屬於公司價值。在第一章筆者提到的創造公司價值七大因子中，節稅就是最直接的具體方式。

Google的董事長艾力克．施密特（Eric Schmidt）曾說：「政府為Google提供了避稅的動機，Google也藉此操作，對公司目前創立的資本結構非常驕傲。」美國這些網路科技大公司避稅手段早已不是新聞，其最主要實行的方法有：移轉定價（利潤轉移＋智慧財產權使用）、以資本稀釋手段透過舉債增加稅盾、利用跨國間租稅協定來達成避稅效果。例如有名的「雙層愛爾蘭單層荷蘭三明治」避稅架構，就是利用移轉定價以及跨國間特殊的租稅協定混合運用。首先，企業必須在愛爾蘭建立一間分公司，並以移轉訂價將這間分公司吸納全球的收入，原因是愛爾蘭有全歐洲最低的營利事業所得稅；跨國企業會利用歐盟成員國不會重複課稅的條件，在荷蘭成立另一間分公司，再利用荷蘭稅法上尚未對租稅天堂（即稅率低國家）做出明確的規範，將愛爾蘭分公司的獲利中轉到荷蘭分公司後，最後轉移到百慕達群島，享受幾近於零的低稅率，跨國企業通常在百慕達群島所成立的公司也會是一間愛爾蘭公司。而近年來蘋果選擇將大筆收入留在海外，並以舉債的方式發放股利。微軟公司在併購LinkedIn時也募集了一筆資金，通過發行債券融資一九七．五億美元。把資金留在海外有利於兩間公司的全球營運與布局，同時發債的結果可以避免企業負擔較高的稅率。

許多公司的領導者將避稅活動認為是公司對股東責任的一部分，筆者也贊同。只要尋求合法的方式節稅，對公司的稅後淨利將做出更多貢獻，此外在華爾街分析師評價公司之時，更視公司的節稅能力為競爭優勢之一。綜觀外在對公司的評價，以及直接提高稅後淨利的觀點下，適當的節稅對企業的重要性不言可喻。

當然，在現代商業環境中，企業越來越強調的智慧產權或知識經濟也無形中助長了節稅的風氣，例如Google公司的搜尋引擎技術，以及網路廣告服務等課稅認定原本就難以判斷，企業可以更加容易地透過移轉定價手段轉移課稅國家，藉此達到避稅效果。在西方許多國家財政狀態不如以往充裕的情況下，可以料想的是，未來法規的要求只會更加嚴格，避稅的難度將逐步增加。

本章回顧

透過麥當勞在台投資策略的方向調整，我們可以看到投資決策是企業能否存續的關鍵，如何在財務的角度提供適切的分析，進而使企業價值最大化並且永續經營，考驗者執行者的技術。無論任何企業，最終都須回答一個關乎財務面的終極問題：「如何使股東價值最大化？」從這個問題的本質出發，其實也可將優秀的執行長視為一個優秀的投資人，如何利用企業既有的資源將資產的配置進行價值最大化，這其中牽涉到很多關於投資策略的面向，例如：繼續投資本業擴大競爭優勢、併購同產業公司？或者發展其他異業，併購其他產業公司？運用大資本、大規模的方式經營公司？還是利用高槓桿輕資產的方式取得競爭優勢？這些都算是投資決策的相關領域。筆者始終認為，一個好的經理人最重要的工作就是將投資決策做好，在現今公司執行長重視經營效率與日常營運管理的大趨勢中，亦提供所有讀者另一層思考。

以下的檢查表可以幫助公司的經營者有效地檢視，在公司的日常營運中是否重視本章所提及的重點，並提供經理人在執行投資決策時，將需要注意的風險排除，並用正確的方法提高投資決策的成功率。

☑ 檢查表 ▌企業投資決策

1. 在投資事前的評估中，主要可以從三大面向做為考量點，分別為：
   - ☐ 對總體環境的預測
   - ☐ 投資目的本身的適切性
   - ☐ 財務風險的衡量

2. 制定投資決策時，可從五個面向進行分析，分別為：
   - ☐ 目前的營運狀況與同業相比如何
   - ☐ 未來發展會不會更好
   - ☐ 企業有沒有長期營運的機會點
   - ☐ 產業特性、營運模式的前景及獲利情形
   - ☐ 目前公司所處之生命週期因應的投資策略

3. 資本預算的制定應該考慮三大面向：
   - ☐ 衡量投資計畫的效益
   - ☐ 衡量投資計畫的副作用
   - ☐ 衡量該計畫的資金來源

關於下一章

投資對企業的意義不僅在當下的財務面，對於企業未來的發展亦有關鍵性的影響，在策略上的價值尤為重要。正確的決策可以創造企業價值，但如果只是專注於企業投資策略，也只看到問題的一半。經理人在日常營運治理的同時，除了要適當地運用資源及金錢在有利可圖之處，如何以最適合的方式募集企業所需資金，以及如何適當的處分這些利潤，也同樣重要。除了投資決策屬於資產負債表的左側，右側的優化同樣也是一門學問，在下一章〈公司資金管理與股利政策——資金的來源與去向〉中，將分享企業的融資能力對營運的影響、如何保持適當的財務結構以及如何籌措企業投資所需要的資金，最後也會提到企業盈餘的處分策略，包含股利政策及股票購回等。

第 4 章

公司資金管理與股利政策——資金的來源與去向

【案例】特斯拉與日月光的融資

德國汽車品牌賓士（Mercedes-Benz）積極投入未來電動車市場，計畫在美國阿拉巴馬州投資十億美元資金，擴大位在阿拉巴馬州 Tuscaloosa 附近車廠，並將再打造占地一百平方英尺的電池工廠。賓士傾全力布局電動車領域，無疑受到新興科技電動車公司特斯拉的刺激，特別是特斯拉二〇一六年三月發布新型平價車款 Model 3，由於是業界先行推出的大眾化電動車，立即引起轟動，特斯拉透露透過線上網路交易預訂的數據近五十萬筆，在二〇一七年七月二十八日首度交車三十部，售價約三萬五千美元起。

特斯拉跳躍性的成長能力終於引起傳統大車廠的重視，紛紛積極投入電動車市場。在二〇一七年第四季開始，特斯拉遇到許多麻煩：交車期將延後、成品良率過低以及生產電池的原料短缺。筆者認為最嚴重的問題來自其過於快速的燃燒資本，以及遲遲無法推出能帶來現金流的產品。根據特斯拉二〇一八年第一季的財報顯示，第一季營收三十四．〇九億美元，但淨虧損為七．八五億美元，季度虧損為史上最高。特斯拉在二〇一八年第一季即燒掉了十億美元現金。據《彭博》報導，特斯拉平均每分鐘消耗六五〇〇美元，資金將在二〇一八年用罄。

著名的投資人「大空頭」查諾斯（Jim Chanos）指出特斯拉的資本結構槓桿太高，因此結構上無法獲利，並表示特斯拉將會是短期賣空者的最愛標的。查諾斯在《彭博》媒體訪問時表示，三年前人們認為特斯拉應該會在二〇一七年開始獲利，現在普遍認為必須等到二〇二〇年才會開始賺錢，說不定到二〇一九年，開始獲利的時間點還會再延到二〇二五年！筆者認為，馬斯克豐富的演說及極具現代感的Model X電動車讓投資人有很大的想像空間，但如今資本雄厚的傳統車廠野心勃勃進軍電動車領域，將會帶給特斯拉非常大的壓力。

從特斯拉的案例來看，融資能力關乎一間公司的生存命脈，特別是這樣一家在汽車業毫無根基的公司，若要與世界上其他百年車廠競爭，唯一的方法就是快狠準，盡快建立競爭優勢，在電動車市場取得一席之地。伴隨著特斯拉快速擴張而來的，是花錢速度也同樣非常快，因此，這樣的策略需要配合融資策略，企業一不小心可能就因為資金情況惡化而倒閉，同時，也特別考驗企業的融資決策優劣。

企業聯貸方面，日月光已於二〇一八年四月三十日完成矽品的合併案，兩家公司以日月光投資控股公司重新掛牌。據銀行業者指出，若日月光將矽品流通在外比重高達三分之二的股權，全部以現金進行收購，依據矽品淨值換算整體資金需求約一千億元。這是二〇一八年最受矚目的企業聯貸案。

本章將探討企業的融資決策。企業要配合營運策略的發展制定融資政策，同樣地，企業的融資能力極限，決定了企業可以制定營運政策的最大限度。如果說第三章探討的企業投資營運決策，是屬於資產負債表左側的學問，本章就是探究如何籌集所需的資金，屬於資產負債表右側的學問，主要將探討來自權益與債權的融資手段，並由長短期區分不同的融資目的。

除了融資政策外，企業盈餘的處分以股利形式發放也將是本章的重點。談到股利與融資間的關係，蘋果公司的做法堪稱經典案例。蘋果於二〇一七單年度總計已發債逾三百五十億美元，是該年度全球發債第二多的公司。獲利頗豐的蘋果公司，其實一點也不缺錢，為何多此一舉呢？首先，蘋果豐富的現金部位多數存放於海外，若將這些獲利轉回到美國，將面臨高達二〇%的稅賦。再者，當前低利率的條件，加上本身的信用，使蘋果能夠以非常低的利息舉債，藉以實施庫藏股與配發股利。事實上，二〇一三年以來蘋果總計發債逾三千多億美元，如此鉅額的資金用途都是用以支應庫藏股與股利發放。總結之下，蘋果公司選擇以舉債來發放股利是非常聰明的做法。

長短期資金需求與籌措有何異同，融資的資金成本如何計算？

在二十一世紀的產業趨勢下，企業獲利成長的速度越來越快，各式新型的商業模式，造就目前許多公司在短時間內均取得巨大成功，諸如特斯拉、亞馬遜、阿里巴巴等。而在某些高知識技術導向的行業中，快速的投資建立技術障礙，或是併購取得現成技術資源，是脫穎而出的關鍵，諸如科技業或生技業，在未來這樣的浪潮只會更加明顯。第三章提到，企業獲利的方式不外乎是制定一次又一次成功的財務投資決策，進而取得各種優勢，保持企業的競爭力，而取得利潤。配合當前的發展，快速地制定策略，並且積聚資源發展優勢的能力很重要，但成就的關鍵在於企業取得資源的能力，也就是企業的融資決策能力，本章探討的重點除了企業如何取得所需的資金外，也包含企業營運產生的利潤處分。

企業的融資保證了日常營運所需的資源。對於融資可以就企業的活動區分為長短期的融資活動。在時間維度較短的情況下，企業需面臨員工的薪資支出、水電支出、管銷費用與供應商的進貨與出貨，這當中的帳款收付金額規模與時間差的管理稱之為**營運資金管理**，一般的定義是：流動資產減流動負債；也就是將現金、有價證券、應收帳款與存貨等流動資產加總後，扣除應付帳款、應付費用等流動負債。通常淨營運資金與流動比率的概念相近，可用於衡量企業在短期債務週轉方面的能力。淨營運資金越大，週轉能力越強；淨營運資金越少，週轉能力越弱。對於短期時間維度下的營運資金管理，重點在於維持企業的流動性。

在時間維度較長的情形下，企業的營運主要可以視作一次又一次重大的資本支出與策略投資。因規畫規模與影響都較大，這時就需要對企業的資金做財務規畫。對於企業未來欲達成的財務目標，透過年度預計財務報表的編製，預測未來成長及資金需求的情形，使企業可預作準備，擬定合適的因應對策。財務規畫須對未來做出預測且根植於某些假設前提，一旦這些假設被推翻，則管理者對財務規畫須立刻做適當的修正以反映真實情況。例如，銷售額增加提高了公司的獲利，然而所賺取的保留盈餘是否足以支應資產增加所需的資金？如果答案是否定的，公司便產生了額外資金需求，必須對外舉債或發行新股來補充不足的資金。財務規畫的最後目的則是選擇以舉債、發行新股或其他方式等做為最適當的融資管道，這當中免不了要評估資金成本的高低、考慮股權稀釋的問題及股利政策。財務規畫是一張指引企業達成目標的藍圖，包含的假設前提為：企業未來的營運策略、銷售額預測、編製預計財務報表、預估資產增額、預測額外資金需求及選擇融資管道等要素，可協助經理人預防突發情況，提供更多選擇並建立投資與融資的橋樑。在進行銷售額預測時，必須先了解歷年來的趨勢，才能分析未來景氣狀況、產品本身的優劣勢及整體的競爭情況等，並輔以決策者自身的經驗。

最後關於融資策略最重要的問題，不外乎是這些融資來源的資金成本。資金本身也是一種經濟資源，具有所謂「稀少性」的特質，企業取得資金就像買東西一樣，也需要支付成本。

不同的長短時間維度下，企業在進行長期投資決策或是維持日常營運時產生了現金流出，前者如廠房擴建與機器設備重置，後者如購料貨款、各種負債的利息費用等。為了支應這些現金流出的需求，企業可從各種融資來源取得必要的資金。這些融資管道取得的資金成本都不相同。對一個投資決策者而言，除了決策本身的現金流量外，資金成本的大小也將是影響決策結果的重要變數。

加權平均資金成本是一個衡量融資成本的方法，**加權平均資金成本**（Weighted Average Cost of Capital, WACC）是各種不同資金來源之資金成本，依據各類資金占公司總資本比率加權平均所得的平均成本。公司的各類融資來源主要可以分為來自債務的融資與來自權益的融資。特別需要注意的是，負債的資金成本低於權益的成本，而且負債融資所支付的利息，可當作會計上的費用來抵減所得稅，但過高的負債也會讓公司的信用風險增加。在面對權益或債務籌資的過程中，常需要根據外部的環境與主管機關的規定而調整。資金成本也代表投資活動必須賺取的必要報酬率，公司在面臨既定的投資決策時，**如何有效地降低資金成本，為財務經理人的首要任務**，在計畫非執不可的情況下，應設法尋求更低資金成本的融資方式。然而，公司降低資金成本有其限度，不可能無限制地降低，無論從投資或是融資的角度來看，資金成本與公司價值間的關係都十分密切。因此，如何估計不同資金來源的資金成本，便成了每個財務決策者的重要課題。

短期的融資決策——營運現金管理

對於企業經營者或管理者來說，面對每天的企業營運，最重要的是資金的運籌帷幄。較小型的企業或事業體由於營運規模較易掌握，營運資金的管理相對簡單，但對於大型企業而言，每日營運業務項目多如牛毛，每項營運活動背後皆伴隨著資金流入與流出，循環不斷，短期對於銷貨廠商出貨後的「應收帳款」、對於進貨供應商的「應付帳款」、公司進貨購買各項原物料或是採購各項用品的「存貨控制」等工作，都與資金流入及流出有密切的關係。所謂的**營運資金**，是指公司企業在一年內能控制的短期資產（在未來能替公司創造收益的有形或無形項目，稱為資產）或負債（在未來會造成公司需要支付資金的項目，稱為負債）；營運資金管理的成功與否，將關係到企業是否能夠獲利，例如過多不必要的支出會侵蝕利潤。若管理不當，甚至可能使公司週轉不靈而倒閉，例如：太多過早支付的項目，現金過早流出導致資金枯竭。

本篇將會為讀者說明公司企業的營運資金管理該注意哪些政策原則，與營運資金管理議題中的重點項目，如：現金、有價證券、應收帳款及存貨，引導讀者了解公司企業的財務運作實際內容。

營運資金的意義

一般人對於企業經營的概念，可能是花費大筆資金買了大樓或是蓋工廠，然後聘用員工就開始進行所謂的事業，或者在經濟學稱為的「經濟活動」。從財務的角度來看，企業經營不僅是一次性的投入資金，更重要的是投入人力、物力以後的經營，企業經營是一種動態的、連續的行為，為了維持往後企業的日常運作，營運資金扮演的角色就十分重要，那究竟營運資金是什麼？這樣的資金可以如何做為投資？若資金不足時該怎麼借用資金、融資呢？

營運資金的種類

所謂營運資金就是與日常企業各項營運活動有密切關係的資產，依照不同的分類可以分為以下幾種：

1. 營運資金

要如何知道企業的營運資金有多少，一般而言，如果是財務報表的呈現，通常會以流動資產的總額代表營運資金，又稱為「**毛營運資金**」，在財務報表上的會計科目為現金、有價證券、應收帳款與存貨等流動資產下的科目。流動資產的特性是在營運期間週轉速度較快，所謂速度則因企業而異，一般而言可指一年內會週轉成現金的資產，這樣的資產數量的多少會與銷售量成正比；銷售量越多，企業營運所需資金就越多。

2. 淨營運資金

一間企業在資產負債表上擁有資產的同時，相對的也擁有負債，既然有流動資產，同時也會有流動負債，為了能夠更真實反映一間企業營運資金的狀況，一般會將流動資產的數字減去流動負債，亦即將現金、有價證券、應收帳款與存貨等流動資產加總後，扣除應付帳款、應付費用等流動負債總和，即為「**淨營運資金**」的金額。通常淨營運資金與流動比率能反映出的資訊相似（詳第二章），都能夠衡量企業在短期間對於債務週轉清償的能力。一間企業擁有的淨營運資金越多，代表週轉能力越強。由上面兩種營運資金的定義可知，營運資金可以是指「總額」的概念，此時營運資金就是流動資產；也可以視為「淨額」的概念，此時為流動資產減掉流動負債，等於營運淨資金。若只單看總額，可能會忽略其流動資產背後尚有許多流動負債。若企業以債台高築的方式借來資金，美化流動資產的數字，未以淨額比較，就會高估企業的短期週轉能力。

營運資金的管理雖然不是一家企業成功與否最重要的因素，卻是支應每天營運的現金流入流出需求的關鍵，不當的營運資金管理會使企業的資金失衡。例如，雖然公司每月營收穩定，但因為應收帳款尚未收回，造成現金不足無法因應流動負債的短期支付需求，公司可能跳票，多年經營的心血瞬間化為烏有。所以，營運資金的管理重點是持有金額的多寡，萬一自有現金無法支應，要怎樣融資取得資金。

營運資金的投資政策

企業該保有多少的流動資產，使企業不論是在個別項目的流動資產（現金、有價證券、應收帳款、存貨）或是流動總資產，都能維持一定的最適水準，在這個預設的水準之下去使用營運資金，以提高營運資金的使用效率。一般而言，營運資金投資政策可以分為三種類型：「適中的營運資金政策」、「寬鬆的營運資金政策」與「緊縮的營運資金政策」。

1. 寬鬆的營運資金政策

公司會保有相對較多的現金、有價證券，同時對客戶出貨後，受款的條件與信用政策較為寬鬆，因為不要求客戶早一點付款，因此應收帳款金額會維持在較高的水準。在這樣的政策下，公司有比較足夠的現金與有價證券供週轉，才不會有資金短缺之虞。同時，因為對於下游客戶較寬鬆的信用政策，不催促客戶早日付款，有助於與客戶建立好關係，拓展公司業務。

但是寬鬆的營運政策也有缺點，如果持有過多的現金與有價證券，就無法將資金運用在報酬較高的投資項目上。由於營運資金是保留以備不時之需的資金，有價證券也許還有賺到資本利得的機會，但現金存在銀行的利息甚低，如果選擇將現金留在營運資金，將會降低資金運用效率。此外，應收帳款回收天數較長，會使公司的現金週轉速度降低。因此，寬鬆的營運資金投資策略，雖然可以降低公司營運上的「流動性風險」，但也損失了賺取其他投資獲利的機會。

2.緊縮的營運資金政策

如果公司採取緊縮的營運資金政策，減少持有現金、有價證券等資產，同時對下游客戶採用較嚴格的信用政策，縮減客戶付款的時間，使帳上的應收帳款餘額減少，這些狀況使得公司的營運資金需求減少，節省下來的資金將可以用在其他報酬率較高的投資項目上。

但因為供於週轉的營運資金減少，使公司面臨週轉不靈的風險提高，對待下游客戶收款條件較為嚴格，可能會減少其採購意願，因而導致營收下降的可能性增加。

如何決定營運資金政策

由於每種產業甚至不同公司有不同特性，管理者在決定營運資金政策時必須先行考慮。舉例而言，若屬於零售業如超商、大賣場等商品流通業，付款大部分使用現金交易，例如消費者去超商購物一般而言是銀貨兩訖，收現較快，帳上現金較充裕，這種類型的行業適合較寬鬆的營運資金政策。相反地，如果屬於營建業，由於房屋起造後，需要投入大量人力物力如鋼筋、水泥、人工，不僅建造時間長，從房屋完工到完成銷售可能耗時較久；行業的特性是產品的存貨期間較長，從開始投入資源到最後回收現金這段期間，資金積壓的時間較久。因此，民眾過去常聽到建商跳票。這樣的營業特性使管理者必須更謹慎使用營運資金，最好採用較緊縮的營運資金政策。此外，公司在產業的地位也有可能影響營運資金政策，試想，如果有一家零組件小廠商，出貨給一家大企業如鴻海，在雙方議定付款天數時，身為大廠的一方自然擁有較多優勢，如果條件談不攏，規模較大的企業大可直接更換往來廠商，這時小廠商自然只能妥協，答應較強勢的一方所訂定的營運資金政策中的收款天數條件。

因此，我們可以發現營運資金政策的制定，不僅取決於管理者對風險的承受能力，外部因素如行業特性與公司地位……等，都有可能影響營運資金政策。管理者應該不斷地評估內外在因素變化，隨時修正營運資金政策，以保有公司在資金運用上的彈性。

營運資金的融資政策

公司的資金因為營運活動每天不斷流入、流出，而這些資金又可再分為短期與長期，在財報的章節中，曾提到資產依照變現的速度可以分為：短期資產與長期資產。相對地，公司的借款融資，依照到期時間不同，也可以分為短期融資與長期融資。一般而言，最理想的狀況是，用短期負債融資支應短期資產的需求，因為短期資產轉換成現金的變現速度快，可因應短期負債到期日較短的特性；以長期負債融資支應長期資產的需求，因為長期資產的變現週轉所需時間較久，因此，使用到期日較久的長期負債支應，也就是所謂的「**以短支短、以長支長**」。如此一來，「營運淨資金」就會維持在零的水準，公司不會有因為資金不足需要融資，或是資金過多需要再投資的問題。

但實際上這樣的完美狀況極為罕見。因為不同的公司會有不同的營運資金政策，而各家公司營運狀況不同，不盡然能適時取得短期資金來支應臨時資金需求，在面對長期資金的需求時，也不可能每間公司都有能力即時籌募足夠的長期資金。一家信譽優良的公司比較容易在市場上籌措資金，但若是規模較小或知名度不高的公司，籌措資金的難度相對較高。

考慮以上因素，公司的營運資金融資政策分為如下三種：

1. 適中的營運資金融資策略

流動資產可再分為暫時性與永久性兩類：若持有數量受短期因素影響，如流動資產的存貨中，季節性淡旺季的需求變動（如華人農曆年前的年貨採買需求、歐美聖誕節的聖誕裝飾燈飾需求），公司在旺季時多備存貨，淡季時降低存貨，產生流動資產數量的變動，這些變動使得公司需要準備更多資金應付採購存貨的需求，為了因應這類非常態情況，隨時間變動的資金需求所持有的流動資產，稱為「**暫時性流動資產**」。另外一方面，不受短期因素影響，但會隨著公司營運規模不斷擴大而增加的流動資產，則稱為「**永久性流動資產**」，不論淡旺季，為了維持公司營運的最低需求，皆必須準備一定存貨數量。例如在冬季超商依然會有冰品的庫存，不因為冬季銷售較少而裁撤冰品販售。

在適中的營運資金融資策略中，公司會使用長期融資的方式，如長期負債、股東權益，來融通固定資產與永久性的流動資產。至於暫時性流動資產則以各種短期資金來融通，如銀行短期借款與應付票據。

這種策略可以充分配合資金的來源與需求，長天期的資金支應長期資金需求，短天期的資金支應短期的資金需求，達到「以長支長、以短支短」的目的。優點是資產回

適中的營運資金融資策略

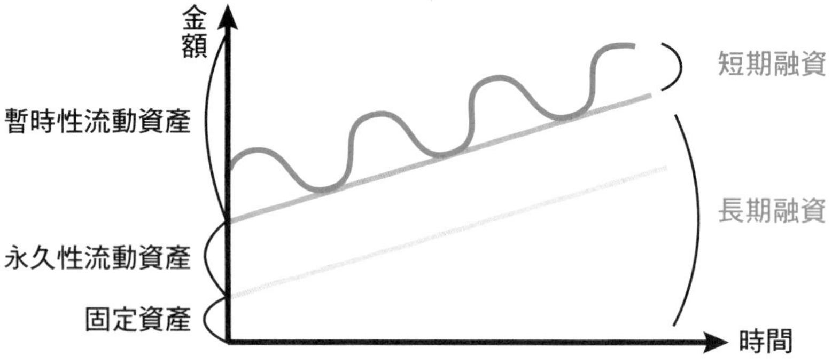

適中的營運資金融資政策以長期資金支應永久性流動資產及固定資產，以短期資金支應暫時性流動資產需求。

收現金的時間與負債必須償還的期限可以相互配合，避免以短期負債支應固定資產的狀況下，負債到期時可能面臨延展不成功的風險，如果無法成功展期，重新融資的利率可能會變動，造成利率提高，增加公司的資金成本，使公司面臨利率波動的風險。除了避免展期風險與利率風險外，適中的營運資金融資策略，也可避免以長期負債支應流動資產造成額外增加的資金成本。

2.積極的營運資金融資策略

在積極的營運資金融資政策中，公司採取相當主動的策略，以長期資金支應固定資產的需求，以短期資金支應永久性流動資產及隨時變動的暫

積極的營運資金融資策略

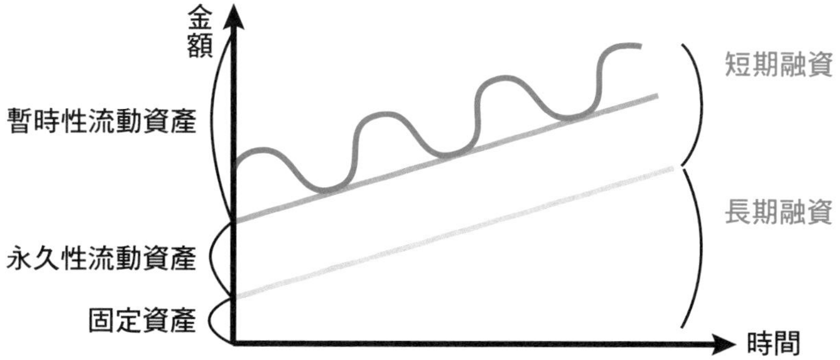

積極的營運資金融資政策完全以短期資金來支應所有的流動資產（暫時性與永久性），長期資金僅用於支應固定資產需求。

時性流動資產。採取此一做法的優點是，由於長期融資的利息較高，以短期資金取代用以支應永久性流動資產的長期資金，公司可以減少支付融資的利息，以降低融資的資金成本。但缺點是將會面臨到相當大的展期風險和利率風險，如果是利率上漲的環境，未來的利率和資金成本會逐漸增加，以短期負債支應永久性流動資產時，萬一資產的投入無法全部回收，很可能必須面對短期負債的還款壓力。採用這項政策的公司必須思考以下兩個問題：

①有無暢通管道籌措長期投資項目所需要的資金？

②資金成本是否可以維持在目前

較低的水準之下？

簡單來說，以短期資金支應永久性流動資產或是部分固定資產，可能面臨展期風險與利率風險，所以積極的營運資金融資政策適合在未來短期借款之管道來源無礙，而且融資的資金成本不至於增加的狀況。因此，掌握好展期風險與利率風險，才適合採用積極的政策，也才能降低資金成本，增加公司利潤。

3.保守的營運資金融資策略

採取保守的營運資金融資政策，公司將會以長期資金來支應所有的資金需求，由於長期資金屬於較為穩定的資金，此政策下公司的資金來源穩定性最佳，面對營運週期的波動，旺季時不需擔心營運資金不足，淡季時可能有多餘的資金可以投入短期投資項目，獲得短期報酬。此一做法雖然安全性最高，但由於長天期資金成本較高，公司需支付較高利息費用，進而影響了損益表上的獲利數字，故一般認為是最消極的政策。

這三種不同的營運資金融資策略各有不同的優缺點，管理者應依照風險承受能力、公司特性與需求、行業別、產業地位選擇適合的營運資金融資政策，以提升資金的使用效率，也有助公司價值的提升。參見下頁比較表。

保守的營運資金融資策略

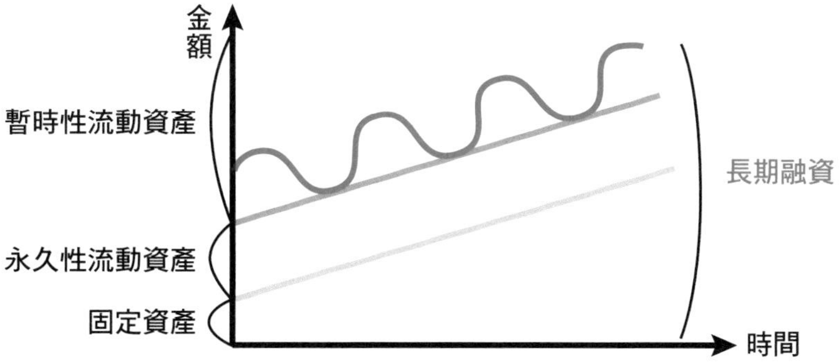

保守的營運資金融資政策完全以長期資金來支應所有資產需求，是資金成本最高的營運資金融資政策。

三種營運資金融資策略的比較

營運資金融資策略	優點	缺點
積極的營運資金融資策略	• 短期資金融通長期資產，資金成本低	• 利率上漲時，短債利率隨之提升 • 長投效應未顯現前短期負債已有到期還款壓力
適中的營運資金融資策略	• 以長支長、以短支短，資產與負債到期時間配合 • 避免短期負債支應固定資產時的展期風險、利率風險	• 未能節省資金成本
保守的營運資金融資策略	• 皆以長期負債支應資金需求 • 資金充裕	• 墊高資金成本

現金管理

在所有的公司資產當中，持有現金本身並無法為公司帶來獲利。若是將現金用於投資股票（會計帳上為短期投資），除了會有每年的配股配息收入外，當股價上升時還可賣出賺取資本利得，若將現金用來購買債券，則可以穩定獲取利息收入。站在創造公司價值的觀點，管理者持有過多的現金不但無法創造獲利，反倒錯失了其他投資機會，所以持有現金的機會成本頗高。不過，公司若完全沒有現金，將無法支應各項營運所需，如支付薪資、貸款、租金、納稅等需求。所以如何持有最少的現金，卻能使營運維持運作，以提升公司經營效率，就是現金管理的首要目標。

現金管理技術

由於現金的流出與流入有時間落差，現金管理就是管理這些現金流出與流入的技術，常見的現金管理技術有：

1. 現金流量同步化

藉由公司對於現金流的預測技術改善，使現金流入（收到款項）與流出（支付款項）

發生的時間一致，進而使公司帳上的交易現金餘額維持在較低水準。為了使公司的現金流入與流出充分配合，必須加強對於現金流量的預測，當營運活動會影響到現金流入流出時，都必須妥善設計，包括決策、工作進程與順序等，並預估未來可能的現金流，使現金流量的進出得以同步化。

2. 加速現金收款能力

加速現金收款的能力從字面上的意義來看，可以指加速對廠商出貨後收款，必須要靠公司在產業鏈上的議價能力而定。但也有可能受到收款作業流程影響。現金收款速度與**浮流量**（Float）相關，浮流量指的是公司帳上與銀行帳簿中公司存款餘額之間的差額。由作業流程造成的延遲收款，近來資訊技術進步之下，資金轉帳方式越來越多樣化，電匯及轉帳速度加快，都能縮短浮流量。對於大型企業而言，每天營運交易繁複，積少成多十分可觀。因此，公司針對現金的收付建立作業制度，以提升管理效率就顯得特別重要。

3. 控制現金的流出

當收付款的角色互換，公司亦可以採用上述加速現金收款能力的步驟控制現金流出。若考慮到企業在產業當中的競爭力，控制現金流出也可以採取與上游供應商協議的方式，延長付款天數。

4. 改善資金管理六大錯誤

大衛‧楊格（S. David Young）曾撰文*指出，公司在資金管理中要避免六大錯誤。①只看損益表做管理！因損益表並未顯現其他重要成本項目，如此一來會產生經理人把資金凍結在存貨與應收帳款上的動機。②只看業績給報酬！這樣只會讓公司人員只在乎成交量而不考量成本，應該要考量客戶的應收帳款及其回收達成率。③太強調生產品質！如果公司生產人員的報酬多半以品質指標為準，容易驅使其從事華而不實的改良，反而會降低生產品質。④把應收帳款與應付帳款綁在一起！但是，公司與供應商之間的議價能力，與公司與客戶之間的議價能力，兩者可是截然不同。⑤太注重流動與速動比率優化！因為銀行衡量是否從事放貸活動時，常依據公司流動及速動比率來做比較，導致許多公司一心追求這類指標的極大化。⑥只以同業競爭對手為標竿而忽略持續成長，公司經理人經常因流動資金的指標符合業界標準而自滿，容易故步自封。

短期營運資金管理，如何在持有最適合的營運資金水準下，使公司經營活動能夠達到最有效率的方式運作進以提升公司價值？建議財務經理人應該思考三個問題：

① 公司願意負擔的資金成本

＊《哈佛商業評論》，二〇〇九年五月，第三十三期。

② **未來營運活動保守或樂觀**
③ **針對流動資產的管理**

長期的融資決策——資金來源與資本結構最佳化的聖杯

財務經理人主要任務為公司價值極大化，也就是股東持有的每股價值極大化。若要達成此一目的，選擇資本結構時，資金的來源是權益或負債的比率就十分重要，來自負債的資金比率高，對股東而言ROE就會大，但同時公司的負債比增加，會導致公司有較高的違約風險（惡化信用評等），也會增加公司新借入資金時的資金成本。

對於公司而言長期資金是較穩定的資金來源，常見的有發行股票、現金增資、銀行聯合長期貸款、發行公司債等方式。對於跨國公司而言，近來流行以「**直接金融**」的方式，透過投資銀行發行公司債、可轉公司債或是首次公開發行（IPO）、二次公開發行（SPO）。相對於直接金融，還有所謂的「**間接金融**」，間接金融是指向銀行借款，因為銀行的資金來自於大眾的存款，將大眾的資金間接由銀行貸放給企業。

長天期資金的優點有：以長支長，用長期資金支應長期資產的需求，可以忍受較長的投資期間，等資產轉換成現金之後得以償還資金，在這段期間公司也可以獲得穩定的資金來源，不必為籌措下一期資金煩惱。但也有缺點，長天期利率較短天期高，所以

長天期資金的優缺點

優點	缺點
達到以長支長	長天期利率高
投入後較晚回收的現金流支應	資金取得程序較繁複
穩定資金	後續計畫變動容忍度低

普通股與特別股的優缺點

	普通股	特別股
優點	• 降低公司負債比率，有利公司財務結構改善 • 股利非強制發放，無每年定期付息或到期還本的壓力 • 不受舉債保護條款束縛，在資金運用上也較具有彈性	• 避免稀釋所有權 • 股利支付不具強制性 • 需求面的因素
缺點	• 稀釋每股盈餘 • 改變股權結構 • 降低股價 • 資金成本高 • 股利無稅盾利益 • 發出負面信號	• 若有盈餘時，將支付較高的股利

公司必須負擔較高的利息支出，且長天期不論是使用直接金融或是間接金融，都需要較繁複的程序，一旦資金確定後，若投資計畫出現後續的變動，資金的使用計畫很可能被打亂，還必須按當初約定，償付每期利息，列表比較如右頁。

權益融資

普通股

普通股代表公司股東對公司的所有權，上市櫃公司普通股也常見於市場上流通。在「求償」的先後次序上，公司必須在滿足對債權人及特別股股東的求償義務後，普通股股東才能享受到法定的求償權利，亦即普通股股東始享有剩餘財產的分配權。

特別股

不同於普通股，特別股捨棄了表決權，但是同時具備「固定收益證券」及「普通股」特性的權益證券。特別股股東通常享有固定比例的股利收益，且其盈餘分配與求償順位均優先於普通股，但在一般債權人之後，故風險等級約介於普通股與負債之間。此外，公司可以依據需求設計特別股，例如歐美許多家族企業，為了避免發行新股時股份被稀釋，會發行分A、B股的股票，其中B股不具有表決權以避免股份被稀釋，故發行特別股有較多保留空間，可依照企業需求設計架構。在台灣最為知名的是台灣高鐵發行的特別股，由於高鐵以自二〇〇七年營運以來皆虧損為由，暫停支付特別股股息，雖在公司法上站得住腳，但屢次有特別股投資人，為此與高鐵對簿公堂。

138頁圖則列舉普通股與特別股的優缺點。

債權融資

債權融資是公司另一種長天期資金的募資方式，主要可分發行公司債與中長期的銀行借款。

1.公司債與可轉換公司債

公司債是指發行公司為了募集長期資金，依公司法及證券交易法規定所發行的債務證券，必須定期支付利息，並在到期日將本金償還給債券的持有人。

可轉換公司債（簡稱可轉債）同時具有債券及股票的雙重性質。在平時，可轉債持有人可以按期收到債券利息（零息可轉債除外），在發行一段時間後，持有人還有權依照債券契約約定的轉換價格或轉換比率，將公司債轉換成發行公司的普通股。公司發行可轉換公司債，是保有債權人在到期時「以債作股」的空間，如果經理人操作得宜，可以避免到期時，公司為了償債導致現金流出。

公司債與可轉債的優缺點

	公司債	可轉換公司債
優點	• 固定利息成本，有利財務規畫 • 稅盾效益 • 不會稀釋股東的控制權或所有權	• 票面利率較低 • 降低盈餘稀釋程度
缺點	• 利息成本與還本壓力 • 增加財務風險 • 舉債保護條款限制經營彈性	• 若發行後股價大跌，當債券到期時，將面臨龐大的還本壓力

全世界最大的債券市場是美國，主因為美國投資銀行盛行。美國二〇〇八年開始實行量化寬鬆（QE）政策，除了將熱錢不斷擴散至各級市場，主要目的是拉低長天期公債利率，提高短天期公債利率，進而鼓勵公司借入長天期資金，並進行投資擴張。由於美國長天期公債是許多債券發行利率的基準利率，因此QE具有帶領長天期利率降低的效果。

上表格列舉公司債與可轉債的優缺點。

2.中長期銀行貸款

在台灣資本市場尚未發達以前，銀行貸款一直是企業最重要的中長期資金來源，即使台灣資本市場已具相當規模，由於銀行業過度競爭（Over Banking），向銀行舉借資金不僅發行成本較低，資金成本也在銀行競爭之下有較大的議價空間，與銀行往來仍是台灣許多企業最常見籌措長期資金的方式，其重要性仍然不可忽視。

在公司從各個管道籌措營運需求的資金後，資金的來源將會構成公司的資本結構，所謂資本結構，也就是資金來源中，來自權益與負債的比例。如前文所提，權益資金與債務資金最大的差別在於：舉債能產生稅盾，這也暗示著舉債越多，越能降低資金成本，提高公司價值。因此在極端的情況下，認為**完全由負債組成資本結構（負債比率一〇〇%）的公司價值最大**，然而債務帶來的是破產風險的增加，因此現實生活中鮮少有一〇〇%舉債之公司（除了銀行業因行業特性有高負債比），實務上經理人在考慮資本結構時，應參考公司的生命週期、發展策略與同業水平。例如直覺看來，成長率越高的公司，破產成本較高，故應減少負債程度。由評價的觀點來看，成長性越高的公司，經現金流量折現後其公司價值越大，但由於現階段現金流量基礎尚低，支付舉債利息支出之能力不高，因此，負債程度無法隨公司價值而提升。而進入成熟期的穩定獲利公司，則更適合採取較高的債務融資策略。規模越大的公司，較容易從事多角化經營來分散風險，信用評等較佳，也容易自資本市場取得便宜的資金，資金成本較低，可以增加負債的程度。反之，中小型企業不易分散經營風險，則應降低財務風險與槓桿程度。

除此之外，外部環境的因素，也是決定企業採取何種融資策略的重要考量。股票

公司如何籌措長期資金

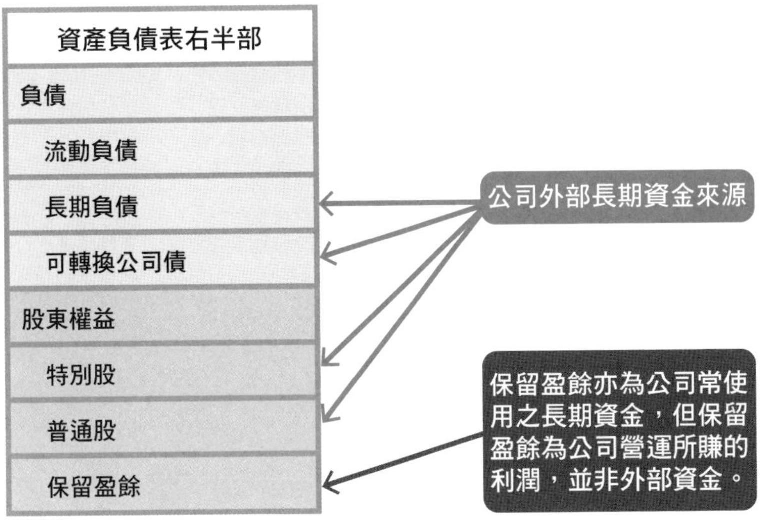

市場正處大多頭行情時，則現金增資發行新股就越容易成功，且因股價較高可募集較多的資金，公司發行股票的意願較高，負債比率將偏低；反之，若股票市場正處空頭行情，或債券市場表現較好（即利率下跌），則舉債有助於降低資金成本，更可避免賤售股票，公司負債比率將偏高。

筆者認為企業決定融資策略時，能否維持財務彈性與信用評等，當然也是非常重要的考量要素。一般調整資本結構的方式可以透過舉債融資和減資的方式達成。

了解股利

定期現金股利	額外股利或特別股利	清算股利	股票股利
• 公司按季或按年從盈餘中提撥現金發放者	• 額外股利或特別股利是相對定期股利而言，屬於「定期」之外再行發放的股利	• 當公司破產被清算，將所有資產變賣、還清所有債務後，以所剩下的現金拿來支付的股利即為清算股利	• 又稱為無償配股，其本質上乃盈餘轉增資或資本公積轉增資，是指將帳面上的保留盈餘或資本公積，以過帳的方式移轉給股東之形式股利

公司股利政策

股利指的是公司支付給股東的現金或其他型態的報償，支付來源主要是公司的保留盈餘。

蘋果的電子產品有很高的品牌知名度，除此之外，蘋果的財務策略也非常有名，因為長期以來公司獲利豐富，但是卻很少發放股利，帳上現金累計至二〇一二年已超過一千億美金，終於在二〇一二年宣布發放現金股利，且往後每年皆發放逾一百億美元現金股利。無獨有偶，另一家台灣指標性企業台積電，早期也鮮少支付現金股利，一直到近幾年採穩定的股利發放政策，二〇一七年甚至曾支付三元股利。

對經理人而言，制定股利政策往往兩難。對於公司盈餘的處理，若公司能夠善用資金，使公司有效成長，進而造成股價上揚，讓投資人賺得的資本利得超過投資人自行投資所得，則應將資金保留於公司，而非發放股利。

除了股利發放外，公司亦可透過現金減資與股票購回，將資金還給股東。美國二〇〇八年因為金融危機引發經濟成長不振，在過去數年內經濟緩慢復甦，加上美國政府實施 QE 政策，使利率一直維持在一個較低的水平，借貸成本低廉且公司預估成長有限的情況下，美國公司財務主管認為實施庫藏股購回是一項誘人的選擇。在二〇一四年至二〇一六年間，美國標普五百指數成分股公司用於庫藏股買回的金額高達一・七兆美元，平均每季度支出一千四百二十億美元。股票回購可使在外流通的股數降低，激勵股價上揚，吸引投資者的青睞。這幾年，公司透過低廉的借貸購買自家股票，變相將錢發放給股東的特殊現象，在二〇一七年開始有了改變，標普五百指數成分股公司季度平均庫藏股護盤的金額，創下二〇一二年以來的最低水準，這樣的趨勢，反映了有更多公司相信，資金除了還給股東外，有更好的投資機會與獲利選擇。不過二〇一八年美國引爆的貿易戰為金融市場帶來極大的不穩定因素，美國公司為求穩定營運，可能減少資本支出，改為買回庫藏股，又再擴大庫藏股規模。

目前在學界，對於股利政策與公司價值的探討仍莫衷一是，尚未有極為明顯的證據證明哪一種股利發放政策能給公司帶來價值的最大化。但多數經營者都認定，**股利政策是公司十分重要的財務決策之一**，特別是在現實世界中，種種不穩定因素（如資訊不對

發不發股利？

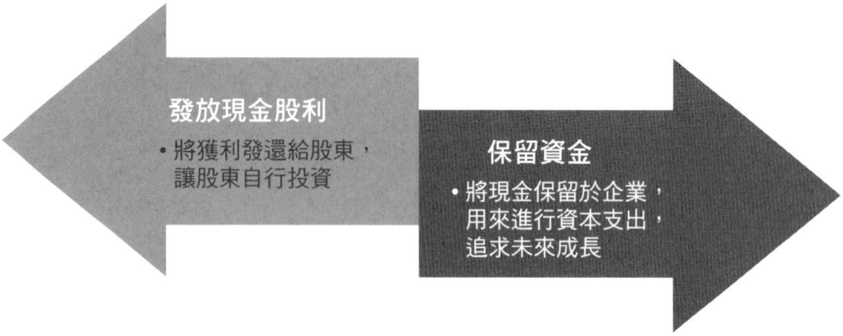
發放現金股利
• 將獲利發還給股東，
讓股東自行投資
保留資金
• 將現金保留於企業，
用來進行資本支出，
追求未來成長

公司的股利發放考量

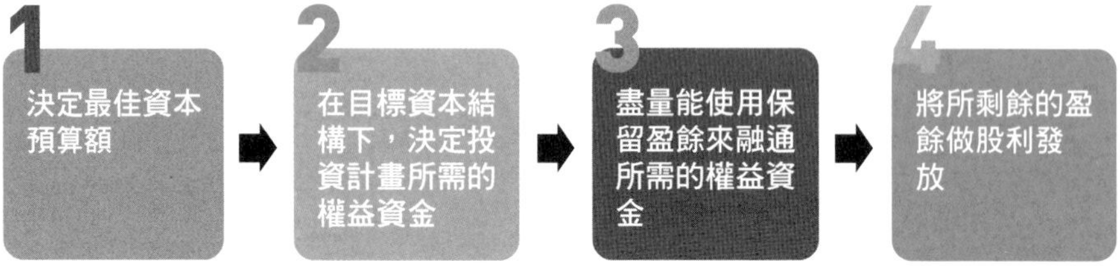
1
決定最佳資本
預算額
2
在目標資本結
構下，決定投
資計畫所需的
權益資金
3
盡量能使用保
留盈餘來融通
所需的權益資
金
4
將所剩餘的盈
餘做股利發
放

投資人對股利的看法

1. 股利的宣布可將一些重要的訊息傳達給投資人
2. 許多股東依賴當期的股利收入過活
3. 穩定股利政策可降低投資人對未來預期收入的不確定性，進而降低對公司所要求的普通股必要報酬率，使股價提高
4. 採用穩定股利政策尚有法律上的理由

稱、投資人預期的異質性及稅率的差異等）的影響下，管理階層必須了解公司各方面的特性，配合經濟環境及產業趨勢的變化，才能審慎地制定出適當的股利政策。

在實務上，決策者在考量企業的股利發放時，筆者有兩點建議給公司的財務決策者。

①以公司未來的成長為主要考量因素，主張公司的保留盈餘應充分支應NPV大於零的投資機會，剩餘的部分才可用來當作股利發放給股東，並注意公司目前所處的生命週期。

②盡可能維持股利發放的平滑化，以及股利的穩定成長性。多數公司都偏好維持一個穩定的股利政策（包括發放時機及金額），極不願意降低每股股利，而且除非公司認為未來盈餘的增加足以「維持」更高的股利支

付時，才會提高每股股利。採行穩定股利支付政策，若從投資人的立場來看，則有上頁表所述四點考量因素。

本章回顧

第四章介紹了許多不同營運資金管理方式與資金籌資方式，對於企業而言，應思考的是：檢視自身的經營型態，企業的優劣勢，進而選擇適合的營運資金管理方式。可由第三章從公司營運生命週期的角度，透過不同的資金管理方式來思考在自身公司的狀況下，資金管理方式與公司成長階段結合，形成營運資金的管理策略。

在本章節的最後，透過以下的檢查表，幫助公司的經營者可以有效地檢視，在公司的日常營運中是否注意本章所提及的重點，並且幫助經營者快速、正確地擬定融資決策。

☑ 檢查表 ▍企業資金管理與股利政策

1. 公司的各類融資來源，主要可分為：

- ☐ 來自債務的融資
- ☐ 來自權益的融資

2. 短期的營運資金政策可分為哪三種，分別有哪些優缺點？

- ☐ 積極型，優點為短期資金融通長期資產，資金成本低；缺點為①利率上漲時，短債利率隨之提升②長投效應未顯現前短期負債已有到期還款壓力
- ☐ 適中型，優點為①以長支長、以短支短②避免短期負債支應固定資產時的展期風險、利率風險；缺點為未能節省資金成本
- ☐ 保守型，優點為①皆以長期負債支應資金需求②資金充裕；缺點為墊高資金成本

3. 財務經理人可從哪三個構面思考營運資金：

- ☐ 公司願意負擔的資金成本
- ☐ 未來營運活動保守或樂觀
- ☐ 針對流動資產的管理

4. 現金管理應該考慮哪三大面向：

- ☐ 現金流量同步化
- ☐ 加速現金收款能力
- ☐ 控制現金的流出

5. 債權融資可分為哪兩種，分別有哪些優缺點？

- ☐ 公司債，優點為①固定利息成本，有利財務規畫②稅盾效益③不會稀釋股東的控制權或所有權；缺點為①利息成本與還本壓力②增加財務風險③舉債保護條款限制經營彈性
- ☐ 可轉換公司債，優點為①票面利率較低②降低盈餘稀釋程度；缺點為若發行後股價大跌，當債券到期時，將面臨龐大的還本壓力

6. 權益融資可分為哪兩種，分別有哪些優缺點？

- [ ] 普通股，優點為①降低公司負債比率，有利公司財務結構之改善②股利非強制發放，無每年定期付息或到期還本的壓力③不受舉債保護條款束縛，在資金運用上也較具有彈性；缺點為①稀釋每股盈餘②改變股權結構③降低股價④資金成本高⑤股利無稅盾利益⑥發出負面信號
- [ ] 特別股，優點為①避免所有權的稀釋②股利支付不具強制性③需求面的因素；缺點為若有盈餘時將支付較高的股利

7. 資本結構的考量點包含：

- [ ] 公司的生命週期
- [ ] 發展策略
- [ ] 同業水平與外部市場的情勢
- [ ] 實務上能否維持其財務彈性與信用評等

8. 企業制定資本結構應該考慮哪七大面向？

- [ ] 獲利能力
- [ ] 營運風險
- [ ] 管理當局的持股比率
- [ ] 負債稅盾與非負債稅盾
- [ ] 盈餘變異性
- [ ] 資產性質
- [ ] 資本市場榮枯

9. 股利政策的制定流程應包含哪些步驟？

- [ ] 決定最佳資本預算額
- [ ] 在目標資本結構下，決定投資計畫所需的權益資金
- [ ] 盡量能使用保留盈餘來融通所需的權益資金
- [ ] 將所剩餘的盈餘做股利發放

關於下一章

企業經營除專注本業發展外，財務規畫亦是不可忽略的環節。本章開頭所舉特斯拉的案例，其公司產品雖走在趨勢尖端，但為公司永續發展，必須規畫完善財務策略，讓公司度過成長初期的融資需求。科技巨頭亞馬遜雖長年虧損，但高明的財務操作策略與資本效率，並持有穩定的現金流量，讓經營者減少短期資金壓力，得以在變化迅速的數位時代中生存。可見企業經營者不論是在本業經營或是財務策略上，應具有宏觀的策略能力，高效運用資本。企業如要擴張，勢必要走入全球市場。而在國際上發生的許多事件，像金融海嘯、歐債危機、英國脫歐、川普當選美國總統，到二〇一八年的中美貿易戰，每個事件都深深影響跨國企業的經營。下一章〈跨國營運財務管理——匯率風險管理〉從匯率的角度切入，說明其影響與產生的風險，以及規避風險的策略。接著延續第三章的企業投資決策，擴大為國際的投資策略，也包含了融資的決策與資金管理等。

第 5 章

跨國營運財務管理——
匯率風險管理

【案例】

國際財管的重要性

近年來由於資訊科技日新月異，全球藉由資訊交流跨越了地理上的國界，而區域中的貿易交流更加頻繁，如：東亞、歐盟地區近年來不斷簽訂各種區域協定。在這樣的架構下，許多企業也積極向國際擴張，造成國際的往來更為頻繁，貿易金額是屬於流量的概念，可顯示世界貿易交流的頻繁程度。對於台灣或日本這樣的海島型國家而言，土地有限、天然資源相對稀少，要仰賴發展國際貿易提升經濟。從台灣的發展史來看，台灣經濟成長的確是與國際貿易息息相關。

透過貿易逐漸累積資本後，許多台灣企業開始選擇海外直接投資，在海外投入長期的固定資產如，土地、廠房、機器設備，甚至是設立分支或海外子公司、投資海外企業股份等方式，經營不同市場，以分散經營風險；或是取得當地的原料、生產成本、進入市場等優勢，不管是在中國之中小企業台商，或是台塑、鴻海等大型企業，都屬於海外直接投資的形式。二〇一七年鴻海宣布將投入一〇〇億美元，在美國威斯康辛州設立LCD先進面板廠。即便隔年爆發中美貿易戰，川普仍與郭台銘一同風光地舉行動土典禮，同時鴻海也對大陸進行擴大投資，積極應對貿易戰。

企業國際化之下提供企業更多成長的機會，卻也衍生許多問題與困難，從財務角度切入，不同地區經營的企業就產生了不同幣別的收入與支出項目。匯率對於企業經營的影響深遠，如何避險就成了企業的重要課題。以日本知名的成衣品牌Uniqlo（Fast Retailing Co.，迅銷集團）為例，從日本發跡，以快速時尚（Fast Fashion）席捲全球市場，除了日本外，亞洲地區如台灣、韓國、中國，甚至歐美地區、東南亞、大洋洲皆有展店，雖然是日本起家的企業，但從二〇一五年開始，Uniqlo在海外業績成長近四六%、營業利益成長超過三一%，遠高於日本本土業績九%與營業利益成長率一〇．三%。日本市場與國際市場相較來說有很大的獨特性，而Uniqlo曾被報導形容為「出身日本、全球行銷的零售公司」，是首先達到這樣成果的日本公司。Uniqlo也積極全球化布局，在海外地區展店。二〇一五年前三季海外新設店數已經超越日本國內，到二〇一六年底時，海外總店數就已超過日本國內總店數。

然而這樣的策略布局也使得Uniqlo在經營上受匯率風險影響甚深，Uniqlo在二〇一六年七月宣布將二〇一六年的目標純益下修二五%為四五〇億日圓，其中若以二〇一六年六月底的日圓匯率來看，該年度的匯兌損失將因為日圓升值而擴大，從一七五億日圓增加到三七〇億日圓，約增加一一．四三%的虧損幅度。同時期二〇一六上半年的美元對日圓貶值約一四．〇六%（即日圓升值），是從二〇〇八年下半年以來最大的升值幅度。

由上面的案例可以發現，當一個企業規模日益擴大時，跨國別乃至全球化的經營是必然的結果。當跨國交易或投資、融資行為產生時，匯率變化對於有國際貿易以及跨國企業的營運影響深遠。以下將從匯率觀點切入，了解匯率對企業如何影響其獲利與價值。

外匯市場與企業營運

當企業逐漸成長、甚至走入國際化後，交易的對象可能來自國外，並且使用外幣交易，若你經營一家位在台灣的螺絲製造廠，接到了一份來自美國最大家飾與建材賣場Home Depot的訂單，當出貨後收取到客戶匯來的美金，馬上面臨到的問題就是匯率風險。手上所持有的外幣，將會因為匯率變動而影響價值。對於一間企業來說，匯率變化的風險主要體現在以下兩個面向：進出口貿易收付以及直接的海外投資。

1. 進出口貿易產生

企業在規模不大時，大多只有在單一國家進行營運，但在全球化的社會，其訂單或供應商可能來自海外，此時主要有因為進口商品在報價時（成本認列）與付款時（實際現金流出）；和出口商品在報價時（收益認列）與收款時（實際現金流入），兩個時間點的匯率變動差異導致匯兌風險。而匯兌風險的產生是因為商品的計價是以外國貨幣為單位，在外國貨幣要兌換成本國貨幣時，將有匯率的差異，若是所有商品皆以本國貨幣計價，就不會產生匯兌風險。但匯兌變化不一定只會造成企業損失，在二〇一五年初台幣兌美元的匯率一度貶破三十二元，此時如果你是向客戶收取美金的企業，在你將美金貨款換回台幣時，會因為台幣貶值、美金升值而增加收益。假設原本是匯率是三十元，變成三十二元後，你手上每一美金可以多換回二元的台幣。這將有利於出口導向的產業，如台灣的晶圓代工業、記憶體業、面板業、電子零組件，這些以出口產品給國外客戶為主、並收取美元的企業將因此受惠，產生匯兌收益。但同時對於需要向外進口的產業則不太樂觀，如食品、鋼鐵，這些產業的原物料都必須向國外進口，因此台幣貶值將使得這些廠商手上的台幣換得到的美元變少了，必須付出相較於貶值前更多的台幣，因此增加進口原物料的成本。

2.直接對外投資產生

當台灣企業進行國外投資案，例如設立子公司、海外廠房，此時這些海外投資就會變成母公司帳面上的資產項目，由於海外投資金額是以外幣計價，而母公司的會計報表上是以本國貨幣計價，於是一來一往之中將產生匯率轉換上的差異，換算成台幣的價值會跟隨匯率變動而變化。

在二〇一六年初日圓匯率急升，日圓兌台幣匯率從四月一日時約〇．二八九三，一度升值到四月八日約〇．三〇〇四元（即〇．三〇〇四台幣兌換一日圓）。該年初鴻海剛與日本夏普簽訂投資合約，合約投資金額約三八八八億日圓，由於日圓升值的緣故，短短的八天期間，鴻海需支付的金額從新台幣一一二四億元，一口氣增加到新台幣一一六六億元，增加約四十二億元的金額，使得鴻海收購日本夏普的成本提升。

因此，對於企業經理人來說，要了解匯率變動的原因，才能進一步規避匯率波動的後續措施。筆者在多年學術與實務經驗下，歸納了以下六大影響國家貨幣匯率變化的原因。

1. 國際收支的變化

一個國家的國際收支，可以視為資金流入流出這個國家的狀況，當有大量資金流入這個國家時，即產生所謂的「**國際收支順差**」，此時因為大量的資金要進入這個國家的市場，這些外國貨幣必須先轉換成本國貨幣，因此外匯市場上對本國貨幣的需求就增加，使得本國貨幣的價格上升，帶來本國貨幣升值的壓力。反之，若處在「**國際收支逆差**」的狀況下，大量的資金要流出這個國家的市場，使得這些資金要轉換成外國貨幣，因次在貨幣市場上，本國貨幣的供給就會提升，使得本國貨幣的價格下跌，帶來本國貨幣貶值的壓力。

例如，二〇一六年六月英國公投脫歐後，市場上因為對於英國脫歐後的經濟前景堪虞，於是資金紛紛流出英國市場，造成英鎊貶值。同時資金的流出是因為脫歐事件將造成市場波動的不確定性因素影響，此時被視為「避險貨幣」之一的日圓（主要與日圓的流通性佳以及利息低等因素有關），則因避險資金大量流入日本市場，使得日圓大幅升值，甚至強過日本政府一直以來的日圓寬鬆政策力道。從上述案例可以了解國際收支的變化影響匯率的情形。

2.國內外物價相對的變化

購買力平價理論認為，貨幣的價值來自於該貨幣在該國對於商品或是服務的購買力，所以兩種貨幣的匯率取決於各在兩國購買力之比。例如目前一顆蘋果在台灣要新台幣三十三元，在美國要一美元，依照購買力平價理論則台幣兌美元為三三：一，匯率三三。在購買力平價理論下，兩國之間的物價變化是造成匯率變動的主要原因，若今日台灣物價上漲一〇％，美國物價上漲五％，則一顆蘋果在台灣為新台幣三六．三元，在美國為一．〇五美元，則此時匯率變化應為三六．三：一．〇五，匯率為三四．五七。

3.國內外利率的相對變化

利率對於匯率變化的影響主要在於，當一國的利率變化時，國與國之間的利差改變。若你的資金是借來的，則利率會影響資金的持有成本，即每一期所要繳的利息；若你的資金是存在該國銀行，則利率變化會影響利息收入。各國之間的利率狀況決定了有多少資金會流入、流出該國，當利率變動時，利差的變化會引導資金的流動，若某一國家利率相對他國是上升的，則短期之下，該國貨幣將會是升值的狀況，反之則會出現貶值的情形。

在金融海嘯後，美國、歐洲、日本政府為了刺激經濟，實施QE，並維持利率處於偏低的水準，如美國聯準會長久以來維持〇．二五%的目標利率，直到二〇一五年底才調升〇．二五百分點，結束長達七年的超低利率政策。在QE之下，產生許多國際上的熱錢流入新興市場國家，原因是這些新興市場的景氣較已開發國家來得熱絡，且新興市場國家有較高的利率，熱錢流入也促使這些國家的貨幣大幅升值。

4.市場對匯率的預期心理

市場有時會出現「自我預期實現」的情形，當市場上對於未來匯率的走勢形成預期的心理時，將會影響實際的匯率走勢。若市場預計台幣匯率將走升，有換回台幣需求的廠商（如：要收取國外貨款的出口商），會趕在台幣升值前快將手上的外幣換成台幣，否則在台幣升值後同等金額外幣可換得的台幣就會減少；有兌換外幣需求的廠商（如：要支付外國貨款的進口商），會暫緩將手上的台幣換成外幣，因為預期未來台幣升值後，同等金額的台幣將能換到更多外幣。而國外的資金也會因為預期台幣即將升值，而流入台灣，以期未來升值後的匯兌收益。此時在沒有其他因素干預下，外匯市場上的台幣需求將會增加，使得台幣如預期般的升值。反之，當市場預期台幣將貶值時，相反的狀況將會使台幣如預期一樣的貶值。又例如，二〇一八年中，土耳其受到美國經濟制裁，在市場上預期心理的影響下，出現大量賣壓，讓年初就已經疲弱的里拉，再度受創重貶。

5.國內外經濟環境的相對變化

當一個國家有相對較高的經濟成長率時，表示該國家的產業競爭能力、市場成長前景或是投資環境優於其他國家，此時將會有許多資金進入該國投資，不論是設立分公司營運據點，或是設立生產基地，都會引起資金的流入，如前文所述，資金流入一國時，將使該國貨幣升值。

人民幣從二〇一二年開始升值，主要是因為中國每年的經濟成長率維持在高動能的水準，使得各國資金紛紛湧入中國投資，二〇一三年人民幣匯率的中間價創三十八次刷新高的紀錄，且升值幅度將近三%

6.中央銀行政策

台灣的中央銀行一向以穩定匯率做為終極目標之一。為了穩定匯率，央行會在外匯市場進行**公開市場操作**，若台幣對美元匯率出現巨幅波動，央行直接在市場上買賣美元來調節新台幣匯率，當台幣過度升值時，代表市場上買台幣的人較多，央行將會在外匯市場增加新台幣的供給，用手上的新台幣買美元，讓市場上美元的需求增加，阻止新台幣匯率升值。相反地，若台幣過度貶值，代表市場上台幣的需求較少，此時央行會在外匯市場將手上的美元換成台幣，增加台幣的需求以及美元的供給，減少台幣貶值的壓力。

台灣央行之所以這麼做，是因為台灣屬於小型高度開放之自由經濟體，經濟受匯率波動的影響大，過於劇烈的匯率波動將不利台灣經濟穩定。台灣央行的公開市場操作方式曾引來美國財政部關注，曾在二〇一五年十月發布「國際經濟與匯率政策報告」，指出台灣央行在該年度前七月之間，有七五%的交易日在匯市交易最後一小時之間進場賣出台幣，其目的是為了阻止台幣升值。在當時情境下，為了保持出口競爭力，亞洲鄰近國家政府皆採取「競貶」的方式，故央行本於「穩定新台幣匯率」的職責因此進場干預。直到二〇一七年十月，美國財政部公布「主要貿易夥伴外匯政策報告」，終將我國排除在操縱匯率「觀察名單」之外。

匯率風險管理增進企業價值

本章前述了許多企業面臨匯率風險的可能情境，但是對於企業經營者而言，在進行一項企業營運活動時，要如何能夠判斷自己到底涉入多少匯率風險呢？為了讓這些風險可以被衡量，必須將匯率風險分為三個層面來看：交易風險、換算風險、經濟風險，有了這三個層面，才有明確的方向了解公司活動所遭受的企業風險。

1. 交易風險

交易風險發生在公司的交易涉及幣別轉換，於「交易發生」與「實際收付」的期間，因匯率波動而導致損失或收益。在財務報表上的「應收帳款」與「應付帳款」已經認列款項金額，但是實際現金尚未流入或流出。在先前的例子當中，鴻海與夏普已經簽訂了預定投資金額，但卻因為日圓大漲而使得需要投入的台幣金額增加，此為交易風險的一例。

2. 換算風險

換算風險主要發生在公司製作財務報表時，如果持有以外幣計價的收入、費用、負債甚至是公司的外幣存款或資產，因為在會計報表認列時必須以一致的貨幣表示，所以必須以當時的匯率去換算成本國貨幣的價值，因為這個原因所產生的匯率風險，故換算風險也被稱為「會計風險」。

換算風險與交易風險不同的地方在於，前者只反映在會計報表上，並沒有真正造成公司的損失或是利得，不影響現金流量，屬於未實現損益。但是後者卻是屬於款項支付或是收取的時候實際發生的損益，將會以「匯兌損失、匯兌收益」的形式影響當期公司的損益金額增減。

3.經濟風險

經濟風險指的是因為匯率的變動，造成公司市場價值的改變。公司的市場價值主要來自於競爭力，匯率變動不只會影響交易風險與換算風險，也會使公司的競爭力隨之增減。如當台幣升值時，不利於台灣以外幣報價的出口型態，像晶圓廠或是工具機廠商，主要競爭者為韓國與日本廠商，若台幣升值但韓元與日圓並未升值、甚至貶值時，台灣廠商無法在報價上取得優勢，也墊高了產品的成本，造成對外競爭力衰退。

但是並非只有跨國企業會有經濟風險，現今世界各國的商品流動、金融市場交流頻繁，台灣許多原物料仰賴進口，像是石油全部為進口，而石油的報價又是以美元計價；在金融市場上，台灣的股市又多與美股、歐股連動，美股、歐股開盤的表現，會影響隔天台股的走勢。因此，匯率變動會造成企業，甚至國家的競爭力改變。

在外匯變化對企業產生的這三種層次的風險下，企業究竟應如何規避風險？以下介紹企業常見的三種避險方式。

1.自然避險

上述提到交易風險的產生，來自於外幣認列和實際支出的時間落差導致。所以在理論上，若是能夠將手上所擁有的外幣資產與外幣負債的到期期間配合一致，即同時產生外幣資金流出與流入的需求，就能夠抵銷掉外匯風險，且不需增加額外的成本。

一般認為，無法準確預測匯率走勢。如二〇一六年的英國脫歐公投，在事前一般認為留歐派應該會獲勝，怎知投票結果一出，卻是脫歐派勝出。此事件後，英鎊應聲重貶至歷史新低，讓許多人始料未及。也因為匯率無法預測，所以有些公司採用自然避險的方式，如台達電即為一例，台達電將外匯收益歸功於三個因素：①有紀律的外匯政策；②資訊系統可以計算在全球五十一個公司避險金額；③有專職的人員注意匯率波動走勢。上述三個原則之下，台達電全球五十一間公司在當地先以自然避險方式，計算當地公司收取和支付的差額後，回報給母公司，而母公司再到三大地區台灣、中國、泰國進行避險的金融操作。以在中國營運的公司為例，會有內銷中國市場的人民幣收入，以及當地薪資及營運費用的人民幣支出，自然避險方式即配合資金流入流出的期間，採用一個月為單位，若計算出來該公司資金的流入流出會短缺三百萬美元，則會注意換匯時間：人民幣貶值時延後換、升值時盡早換。自然避險是屬於較不積極的避險方式，對於許多公司而言，要能做到相同幣別的資產負債期間配合並非易事，所以在外匯市場上就產生許多避險方式與衍生性金融商品，於後再介紹。

2.貨幣市場避險

貨幣市場避險就是採用貨幣市場中的財務工具去鎖定未來的匯率，並規避匯率變動的風險（不論是利得或是損失），採用此種方式必定會產生成本，即視為避險的成本。貨幣市場避險不用涉及艱難的財務工程數學計算即可完成，如下頁範例。

3. 遠期外匯市場避險

「**遠期外匯**」是金融商品中常用的避險方式，所謂「遠期」是指在未來某個時間點，遠期外匯就是「現在買入一個你能夠在未來某個時間點，以某個匯率去兌換貨幣的權利」，在金融市場中稱之為「用遠期外匯鎖定未來的匯率」。在台灣，可以直接跟銀行購買「遠期外匯」的金融商品，例如若三十天期的美元遠期匯率為新台幣三五．五元兌換一美元，如購買三十天期的遠期外匯共一〇〇萬美元，代表你可以「在三十天後向銀行以三五．五的匯率拿等值台幣去兌換成一〇〇萬美元」，在金融術語上稱為「三十天後交割」。若依照前述的例子，就可以兌換這筆一百萬美元去交付貨款給蘋果公司，如此一來你就可以「鎖定」三十天後的美金匯率為三五．五，並且避免了匯率波動的風險。當然，若三十天後的匯率其實沒有這麼高，則變成你兌換的美元成本提高了。但使用這樣的方式主要優點是簡單方便，無須繁複的計算，只需要付給銀行一筆手續費去購買遠期外匯，成本會比實施「貨幣市場避險」來得低。

在上述的介紹後，我們了解匯率風險對企業經營的攸關性，但是否每一筆外幣

貨幣市場避險

情境：你是台灣的手機代理商，客戶手機業者向你下訂單要向美國蘋果公司購買一批新推出的手機在台灣市場販售，運送時間為30天，且收款條件為貨到付款，亦即30天後手機送達的同時，也必須付款給蘋果公司。貨款金額為100萬美元，30天期的存款利率為1%，30天的借款利率為2%，目前新台幣兌美元為35：1，若採用貨幣市場避險步驟為：

STEP 1 取得貨款並存入美元帳戶

你必須先存入一筆資金，用來1個月後支付貨款，因為30天存款利率為1%，所以為了在30天後拿到100萬美元，30天前必須存入990,099美元（$1,000,000÷1.01）

STEP 2 在現貨市場兌換990,099美元

為了存入990,099美元，你必須以等值台幣去換成美元，依照目前匯率35:1，必須以新台幣34,653,465元去兌換，但為了規避持有外幣的風險，這筆資金必須以借款的方式向銀行借入，利率設定為2%。

STEP 3 30天後進行清算

現在你有了一筆30天後要支付的貸款（負債），以及一筆30天後到其的存款（資產），在到期後，可以取出存款支付給美國蘋果公司，然後客戶付給你新台幣36,000,000元，你拿去償還與銀行貸款的本利和共新台幣35,346,534元。對你而言，對上游供應商美國蘋果公司與下游客戶手機業者的交易，都是以當地貨幣計算，由於沒有實際持有外幣，所以不用負擔匯率風險。

分析：如果不考慮匯率風險，原本只需支付給蘋果公司新台幣35,000,000元的貨款（$100萬×35），但採取這個方式後，必須支付新台幣35,346,534元的貸款，增加約346,543元的支出，可視為避險的成本。雖然效果不差，但是需要有較多訊息成本與交易成本，複雜度較高，對一般中小企業來說可能無法實施。拜金融技術進步之賜，現在可以直接從金融市場購買相同功能的商品服務。

交易都要進行避險呢？Copeland與Joshi兩位學者曾在一九九六年提出一個採用匯率避險策略的企業，但卻適得其反的案例。在一九八〇年代中期，德國的一間航空公司Lufthansa German Airlines發生鉅額匯兌損失，當時該航空公司向美國波音採購七四七與七六七型客機，採購合約金額約為數十億美元，當時該公司認為美元會持續走升，而該公司的營運活動幣別主要為德國馬克（在歐盟成立前德國的法定貨幣），認為美元對德國馬克將持續升值，為了規避這筆交易的匯兌風險，該公司就購買了與採購合約金額相近的美元兌馬克的遠期外匯。

若以這筆交易的角度來說，這樣做並無不妥，但是若從整體公司的角度來看，還必須考慮到匯率變動對於公司營運現金流量的影響。在此案例中，該公司的國際航線營運所產生的現金流與美元強弱有正面的相關性，由於國際航線一般是以美元定價，當美元處於貶值時，該公司收取的現金流以馬克計算，所以現金流會因此減少；然而當美元升值時，以馬克計算的現金流會因此增加。所以如果將營運現金流的變化納入考慮，美元上漲時會增加飛機的採購成本，但同時也增加馬克的營運現金流入，可以抵減飛機採購時的現金流出；相反地當美元貶值時，飛機的採購成本降低，現金流出減少，但同時馬克的營運現金流量減少，整體來說兩者正負效果會互相抵減。在一九八五年二月，當時美元兌德國馬克匯率來到最高點，但是隨後在當年年底美元兌馬克匯率下跌將近四〇%，使得該公司最後評估整體公司現金流量時，產生大量的匯兌損失。

綜觀來看，該公司對於單一交易採用全額避險的做法，忽略了分析匯率變動對於整體公司現金流的相關性。單一交易採用全額避險，將造成公司買入過多的美元兌換馬克的遠期外匯，進而產生超額避險。以匯率變動對公司整體影響來看，應該同時考慮美元升值對採購成本與現金流量的影響，再抵減最後公司的曝險部位。所以不避險以及未經熟慮的過度避險，都是不適當的做法。

在此介紹跨國企業的兩種避險架構，包括區域避險與中央避險。中央避險是由總部統一控管各地區的營收與債務，透過貨幣之間的相關性來達成避險。區域避險則是授權各地區的區域總部各自避險，考量的不只是避險的成本，還有區域主管的績效。

國際投資決策

在第三章主要的篇幅在討論企業的投資決策，但隨著企業規模的擴大，投資的地區將涉及跨地區與國別，同時其複雜度與財務風險都將升高。

凡是跨國企業在海外直接投入資本的活動即稱為「海外直接投資」，包括在海外建立銷售與服務據點、生產或研發據點，其投資模式可能是合資、收購外國企業的股權或獨資設立等，惟不包括在金融市場的間接股權投資。

根據企業的特性與需求，有些跨國企業可能在海外同時設立多種不同類型的據點。

獨資、收購、合資的比較

模式	優點	缺點	適合公司類型
獨資	1. 擁有絕對的主導權並可掌控投資的部分。 2. 可避免關鍵技術被盜取、利益分配及經營決策上的衝突。	1. 需要較多的資本支出必須獨力承擔投資的風險。 2. 投資時程較長，可能會錯失市場先機。	熟悉國際市場運作與具豐富資源與能力之跨國企業。
收購	1. 投資時程短、投資效率高。 2. 可降低學習成本。 3. 可產生綜效。 4. 可用於垂直或水平整合。	1. 多以溢價取得被收購企業。 2. 綜效可能不如預期。 3. 錯估被收購企業的營運狀況。 4. 可能出現資源與企業文化無法整合的問題。	財務資源豐富且營運機制健全的跨國企業，同時有意迅速擴大經營規模者。
合資	1. 以較少的資本支出，利用外國夥伴的資源。 2. 可達到資源整合的目的。 3. 由雙方共同承擔投資的風險。 4. 投資彈性高。	1. 必須找到合適的合作對象才能進行。 2. 可能出現合資雙方經營理念不合的情況。	不熟悉海外市場、資源與能力較為有限之跨國企業。

跨國企業為了整合各據點的資源與競爭優勢，通常會將處在同一區域的據點連結在一起，成立一個區域性的「營運總部」、海外「分公司」、「子公司」的形式存在。

企業赴海外投資的地點評估，主要根據幾大因素，包含營運成本降低的考量、靠近目標市場或為了降低與某國政府摩擦的政治因素考量。前述鴻海投資美國威斯康辛州，即屬海外直接投資一例。其主要的原因有營運成本上的免稅優惠，且設廠位置位於美國中西部，可直接免關稅銷售北美市場。又此案為威斯康辛史上最大經濟發展計畫，響應川普「美國製造」政策，受到川普高度重視，甚至親自出席動土典禮。從政治上考量，鴻海同時在中國與美國布局投資，減緩貿易戰衝擊，取得平衡。

跨國投資面臨最大的風險就是「**國家風險**」（Country risk），是指一國之政治、經濟等重大事件對跨國企業營運所造成的影響，包括生產、銷售、資金移動、稅負等。

國家風險包含如下幾個層次：

①**政治穩定度**：民主化程度較高、政權可和平移轉、與他國能和平共處的國家，其政治穩定度通常較高；獨裁專制、政變、內戰、暴動頻繁的國家，政治環境通常較不穩定。

②**政府效率與貪腐程度**：政府越清廉、行政效率越高，將可縮短跨國企業在該國的投資計畫時程，而且也比較不會受到不平等的待遇；反之政府貪腐程度越高、

海外直接投資的據點型態

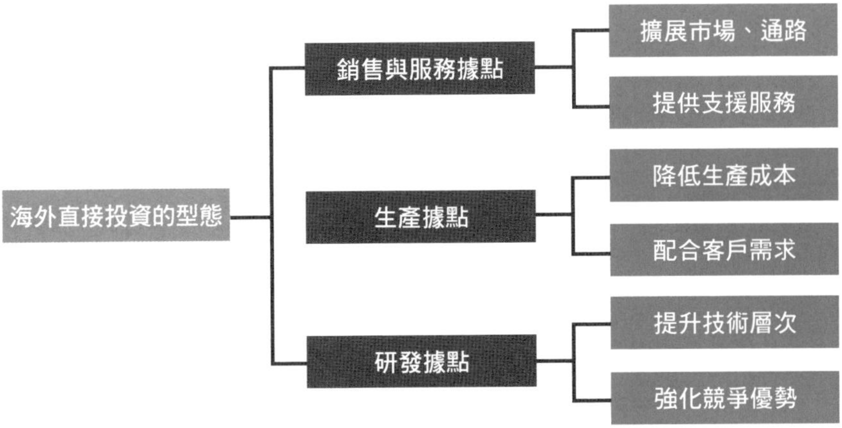

國家風險的分類

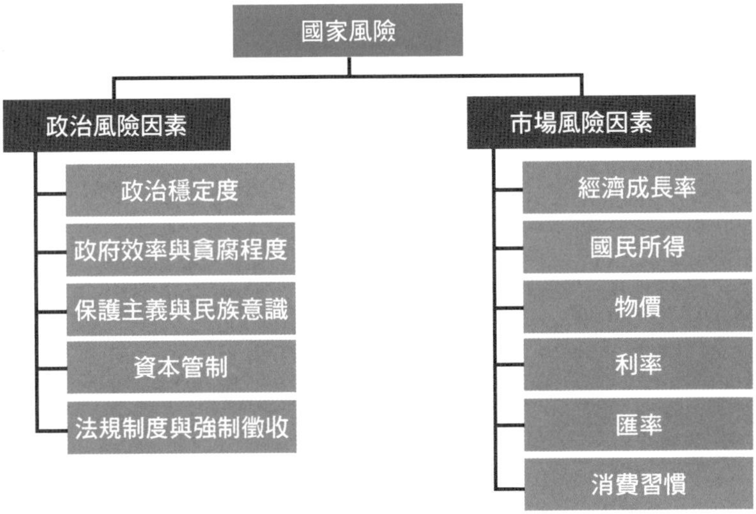

效率越低，則不利跨國企業的營運。

③**保護主義與民族意識**：保護主義是指一國政府基於保護或扶植國內企業而訂出一些不利跨國企業與國內企業競爭的措施；民族意識則是指一國人民基於民族主義或愛國情操所引發愛用國貨或抵禦外國產品的排外情緒。

④**資本管制**：當一國對資金進出的管制越嚴格時，越不利於跨國企業的運作。

⑤**法規制度與強制徵收**：法規制度越不健全，對跨國企業的經營越沒有保障。

對於國家風險的管理，充分的事前評估絕對是經理人在決策前的必要措施。透過內部分析標準篩選出適合投資與不適合投資的國家及地區，便於進行下一步的投資計畫評估。同時參考外部的分析來評估國家風險，並且分散投資或調整投資及融資結構，有些保險公司也提供海外投資保險的應用。根據所面臨的風險，適時調整資本預算，針對現金流量或折現率進行調整，都是降低國家風險的方式。中國近年來推行的「一帶一路」，在二〇一八年馬來西亞新總理馬哈迪（Mahathir Mohamad）上任後受阻。受到馬來西亞債台高築、前總理涉貪等因素，馬哈迪宣布終止馬來西亞和新加坡之間，大都由陸資企業承建的高速鐵路計畫。

國際融資決策與營運資金管理

企業的投資決策可能涉及跨國別，在融資決策方面，隨著企業發展的壯大同樣需要考慮國際融資與短期的營運資金管理。單一國別的融資與國際融資的差異主要體現在以下四點：

- 募集資金時的議價能力
- 資金來源的多樣性
- 風險分散的程度
- 面臨的風險不同

因應跨國企業的發展策略，例如到海外設立營運據點或收購其他企業等，均需要長期資金的奧援，此時跨國企業即須擬定一套長期籌資決策，以最低的成本取得所需的資金。長期籌資決策最重要的考慮因素將涉及到兩個議題，籌資「來源」與「地點」的選擇。

跨國企業資金來源

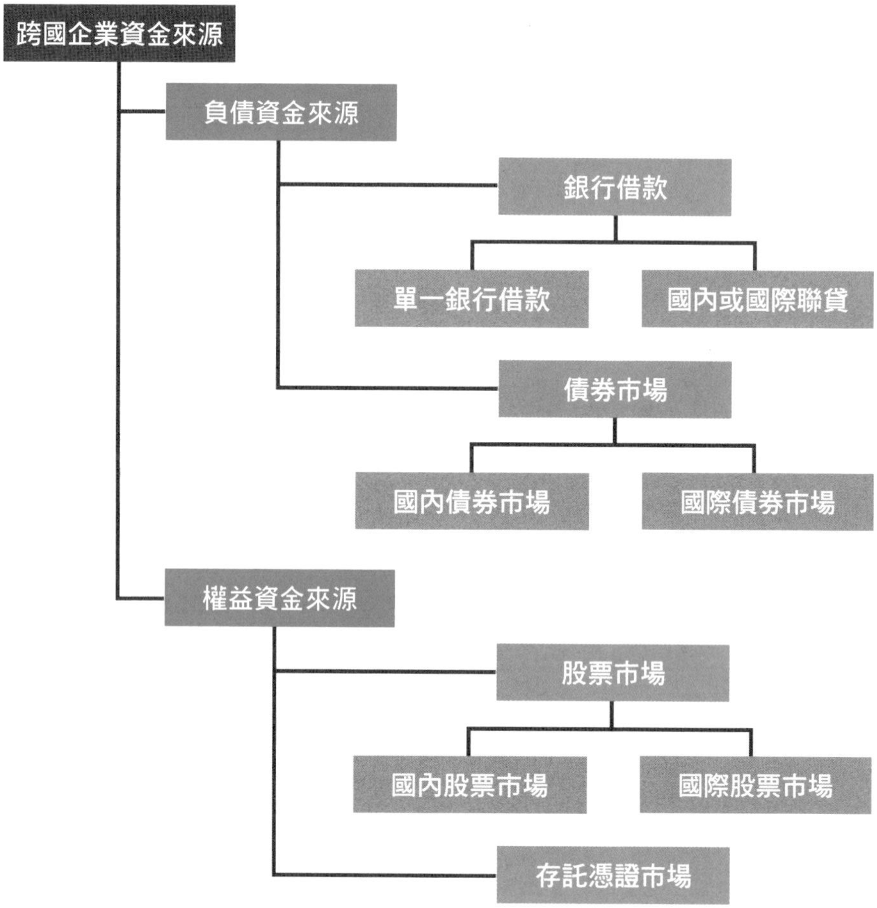
跨國企業資金來源
負債資金來源
銀行借款
單一銀行借款
國內或國際聯貸
債券市場
國內債券市場
國際債券市場
權益資金來源
股票市場
國內股票市場
國際股票市場
存託憑證市場

資金來源

首先就來源考慮，可分為內部資金來源及外部資金來源：

- **內部資金來源：**包括各據點的保留盈餘以及各據點之間的資金融通（如母公司將資金借貸給子公司）等。
- **外部資金來源：**包括向銀行借款或在資本市場發行有價證券（如公司債或股票）籌資資金等。
- **考量因素：**包含獲利能力、信用市場緊縮或資本市場行情、稅負成本、政治風險、匯率風險等。

在外部資本募集的考量點上，須考慮權益與債務的配置比率，也就是跨國的資本結構。同時母子公司在目標資本結構上可能略有差異。海外子公司的資本結構決策，有時會影響到其能匯回母公司的資金額度，進而影響母公司的資本結構。即便子公司與母公司的資本結構會產生相互抵銷的效果，惟整體跨國企業的資金成本仍會受到影響，因為子公司與母公司的融資利率不見得相同。子公司與母公司的資本結構也會影響跨國企業整體暴露於匯率風險的大小。這些都是必須加以衡量的因素。例如，由於先前在

資金來源為負債與權益的比較

因素	負債資金來源	權益資金來源
資金成本	較小	較高
財務結構	會提高負債比率，增加財務風險。	能提高自有資金比率，改善財務結構、降低財務風險。
稅盾利益	利息支付視為可抵稅的費用，具有稅盾利益。	股利支付視為盈餘分配，沒有稅盾利益。
到期期限	一般有固定的到期期限	沒有到期期限
財務壓力與破產風險	有付息還本的財務壓力，提高破產風險，故適合營運風險較低者。	沒有發放股利的義務，沒有破產風險，故適合營運風險較高者。
股權或盈餘稀釋	沒有股權或盈餘稀釋的問題	有股權或盈餘稀釋的問題
擔保品	若跨國企業有較多資產供作擔保品，將可增加負債資金來源。	無須擔保品
資金運用彈性	為避免代理問題，可能會受到舉債保護條款的束縛，資金運用彈性較低。	資金運用彈性較高

台灣發行的債券，可在到期前以相對低的成本贖回，吸引了像蘋果、輝瑞、Verizon、AT&T 等大型跨國企業，在台發行以外幣計價的福爾摩莎債券。

籌資地點

在籌資地點的考慮上，則有以下衡量因素：

· 市場規模及流動性
· 滿足跨國經營的外幣資金需求
· 降低資金成本
· 強化企業的經營體質
· 提升企業的知名度
· 規避匯率風險

在營運資金的管理上，企業營運資金管理的目的不外乎是為了滿足企業的交易性、預防性及投機性等需求；而國際現金管理當然也有著相同的目的，使跨國企業的現金部分能維持在最適水準，以符合跨國企業的營運需求。由於跨國企業的資金流動會受到匯率波動及不同國家法令規範的影響，使現金管理的工作更顯複雜。

跨國企業母公司的現金流向

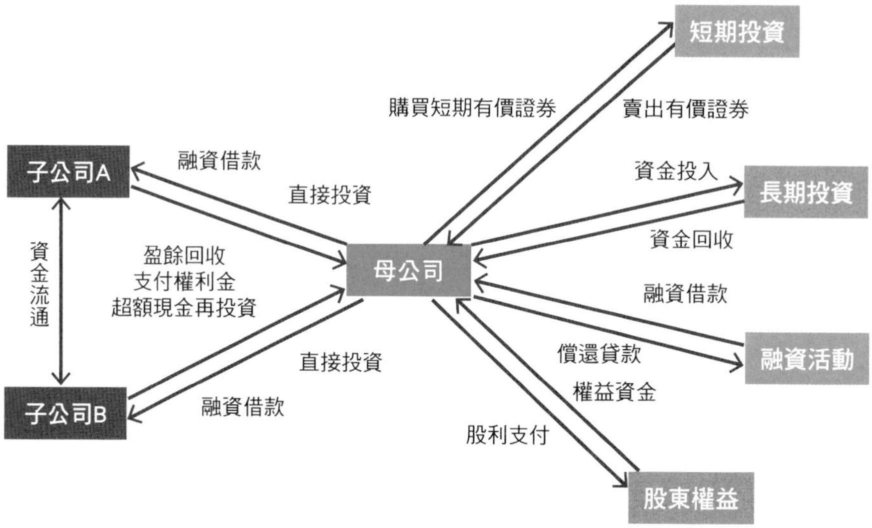

跨國企業子公司的現金流向

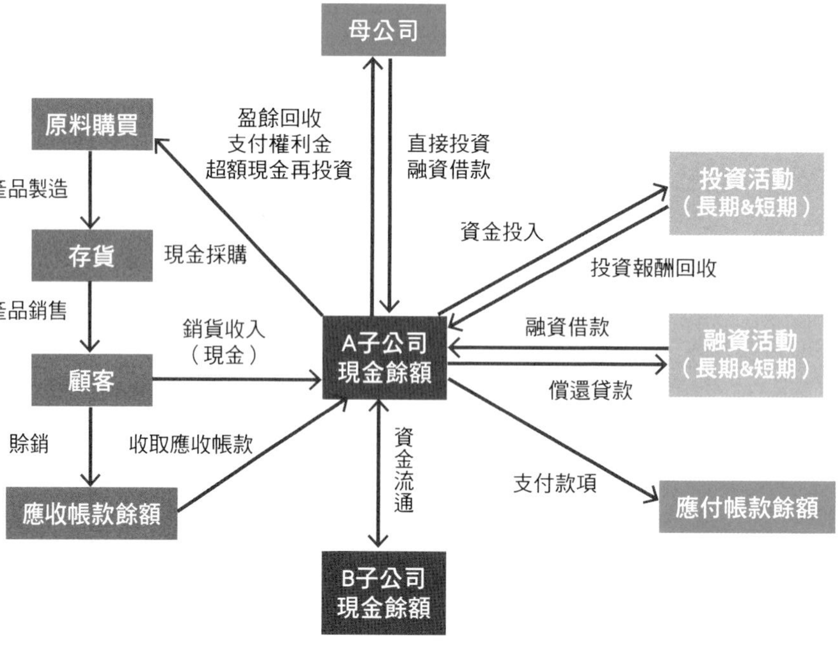

現金是最具流動性的資產，持有過少現金，將使企業面臨週轉不靈的危機，尤其是在景氣不佳的期間更應秉持「現金為王」的原則；然而，現金同時也是最不具獲利性的資產，持有過多現金，企業將負擔持有現金的機會成本。現金管理的首要目標是「在滿足企業營運需求下，使現金餘額維持在最適的水準」；其次目標則是「對多餘現金進行有效率的投資管理」。在現金餘額管理中，跨國企業可建立現金集中管理系統及淨額支付系統，來降低交易成本，並提高現金管理的效率。

現金集中管理是將跨國企業母公司與子公司所產生的現金流量，由某一特定部門（稱現金集中管理部門，通常由母公司指定）統籌管理，以提高現金管理的效率。因此，跨國企業必須先了解母公司及子公司的現金流向。了解母公司及子公司的現金流向之後，即分別評估母公司及子公司的最小營運資金需求，將母公司及子公司的現金餘額，控制在能符合最小營運資金需求的水準，其他多餘的現金，則交由現金集中管理部門統籌管理，成立一個地區性或全球性的**現金池**（Cash Pool）。未來當母公司或子公司有營運資金需求時，即由現金集中管理部門的現金池提供資金，以補營運資金不足的缺口。

現金集中管理的好處在於，滿足營運資金的需求並且減少向外融資的機會，降低資金成本，同時降低子公司持有現金的機會成本發揮規模經濟的效益，避免不必要的轉換成本。

淨額支付系統是指將某段期間跨國企業各據點之間的應收款與應付款資料，送至**淨額中心**（Netting Center），由淨額中心來進行淨額支付的運作，以降低交易成本及資本管制的問題。主要可以分為**雙邊淨額**（Bilateral Netting）支付系統及**多邊淨額**（Multilateral Netting）支付系統。在使用淨額支付系統之前，必須先確認母公司與子公司所處國家是否存在資本管制，有些國家並不允許跨國企業使用淨額支付系統，或是必須事先取得當地政府的核准才能採用，這些限制都將影響淨額支付系統的運作。奇異公司（GE）在全球設有數十個現金池，早在二〇〇五年取得中國政府批准，在中國執行美元現金池的業務，集中管理集團內子公司外匯資金的使用。二〇一六年中國在上海自貿區推出跨境人民幣資金池業務，台灣燁輝在中國大陸的子公司，即透過中國銀行蘇州分行搭建的跨境雙向人民幣資金池，由境外公司調撥介入人民幣六千萬元，解決跨境資金調度問題。二〇一八年，在未來區塊鏈技術的應用發展下，透過P2P交易平台，將為跨國企業跨境資金管理帶來怎樣的變革，值得注意。

本章回顧

網際網路更加普及的當代，企業不論規模大小，大多不可避免地更加涉入全球化的浪潮。這樣的趨勢下，國際財務管理的重要性將日益被強調，在財務上，跨國經營的最大挑戰在於匯率的變動以及其產生的風險。而跨國的避險與管理將為企業帶來更巨大的挑戰。

最後透過以下的檢查表，幫助企業的經營者有效地檢視，在企業的日常營運中是否有注意本章所提及的重點，並且快速理解跨國經營所需要的財務策略思考。

☑ 檢查表 ▌跨國營運財務管理

1. 匯率風險有哪三大層次？
   - ☐ 交易風險
   - ☐ 換算風險
   - ☐ 經濟風險
2. 匯率避險的方法有哪三種？
   - ☐ 自然避險法
   - ☐ 貨幣市場避險法
   - ☐ 衍生性商品避險法
3. 國家風險包含哪幾個層次？
   - ☐ 政治穩定度
   - ☐ 政府效率與貪腐程度
   - ☐ 保護主義與民族意識
   - ☐ 資本管制
   - ☐ 法規制度與強制徵收
4. 海外直接投資的據點型態有哪三種？其目的分別為何？
   - ☐ 銷售與服務據點：目的為擴展市場、通路及提供支援服務
   - ☐ 生產據點：目的為降低生產成本及配合客戶需求
   - ☐ 研發據點：目的為提升技術層次及強化競爭優勢
5. 負債資金來源有哪些？其方法分別為何？
   - ☐ 負債資金來源：包含銀行借款、債券市場
   - ☐ 權益資金來源：包含股票市場、存託憑證市場

6. 六大跨國籌資地點的考慮上衡量因素，分別是：

- ☐ 市場規模及流動性
- ☐ 滿足跨國經營的外幣資金需求
- ☐ 降低資金成本
- ☐ 強化企業的經營體質
- ☐ 提升企業的知名度
- ☐ 規避匯率風險

關於下一章

本章反覆強調國際財管的重要性，對於企業當期與未來期望能進入國際市場營運，構築了財務管理的方法。經營者可以搭配本書的三、四章，對海外子公司進行管理與規畫。除了前述章節介紹的企業經營策略，本書後章將帶領各位讀者進入高端的財務策略。在下一章〈企業價值評估——如何知道企業價值提升了〉中，將介紹如何對企業進行估價的工具與方法。這是一門財務應用的藝術，除了做為併購的參考基礎外，更可以了解企業當前的營運狀況。

第 6 章

企業價值評估──如何知道企業價值提升了

【案例】Google與HTC手機部門合作

二〇一七年九月二十一日，宏達電發布重大訊息，指出Google延攬研發人員Pixel智慧型手機團隊（約兩千人），交易金額三三〇億台幣，包括智慧財產權，預計在二〇一八年初完成。經過這次交易，宏達電將保留兩千多名的研發工程師，這筆交易並不影響HTC自有品牌，宏達電仍將持續發展自有品牌智慧型手機。其實雙方合作關係已持續十多年，包括：全球第一款Android智慧型手機HTC Dream（又稱作T-Mobile G1）、二〇一〇年的Nexus One智慧型手機、二〇一四年的Nexus 9平板電腦。宏達電董事長兼執行長王雪紅表示：「這次和Google共同簽訂此協議，代表雙方長期穩定的合作夥伴關係再次邁出穩定的一大步，不僅為Google硬體業務注入強大的創新研發動能，亦確保HTC在智慧型手機和VIVE虛擬實境事業可持續創新。我們堅信HTC具備足夠的優勢，能夠保有我們豐碩的創新成果，並有充分的發展潛力實現未來最新一代的創新產品與服務。」

無獨有偶，在二〇一七年的第四季又有另一樁著名的併購案傳出，創立於一九九一年加州爾灣的博通（Broadcom Corporation），在二〇一六年被新加坡的安華高科技公司收購後，成為全球最大的無廠半導體公司之一，產品包括有線和無線通訊半導體。十一月六日博通計畫以六十美元現金加十美元股份的配比，合計共每股七十美元，投資超過一千三百億美元收購高通。若收購案成立，將成為史上最大規模的科技行業併購，並將締造一家市值達兩千億美元的半導體製造巨頭。半導體對智慧型手機、電腦等產品至關重要，在網際網路、物聯網、人工智慧與自動駕駛技術高度受投資人重視的現在，這樁併購案更牽動著許多產業的敏感神經。二〇一七年十一月十三日高通全體董事一致正式拒絕博通收購提案，該公司董事會認為，以高通在行動技術的領導地位和未來成長潛力來看，博通的提議明顯低估高通的價值。但博通仍未放棄，其考慮在二〇一八年高通股東會上提名新任董事，以取代現有人馬。後來，美國總統川普於二〇一八年三月十二日發布行政命令，以國家安全為理由禁止博通併購高通。

這兩個併購案有若干共通點，除了均發生於二〇一七年第四季外，均屬於高產值的高科技產業，併購的目的均著眼於未來看準的巨大商機而提前準備。但結局卻大不相同。宏達電欣然接受 Google 的部分收購，而高通卻嚴詞拒絕博通的提議，兩間公司甚至正在醞釀一場漫長的惡意併購與抵抗。

造成兩個併購案截然不同的關鍵是兩樁案件對於估值的差異。對比宏達電以及高通的說法更可發現。宏達電董事長竭誠歡迎 Google 的收購，並認為收購行動對兩間公司長期的發展均有正面助益。宏達電沒說出口的是，Google 的出價同樣符合宏達電的期待，而高通回絕博通的理由如下：以高通在行動技術的領導地位以及未來成長潛力來看，博通的提議明顯低估高通的價值。

究竟企業的價值評估原理為何呢？筆者認為現今併購案頻繁，經營者均需要理解一間公司如何被評價，如此一來，在公司欲執行併購策略或被併購時，才有做出正確決策的把握；經營者在與外部投資人溝通時，亦需要知道公司的價值所在，以便在價值過低的時候，適時對外部投資人進行說明。

企業價值來源與評估

在思考如何評估一間企業的價值時，筆者認為更重要的前提是釐清「企業價值」的來源，也就是企業如何創造價值。首章不斷地強調財務策略的真諦；在財務規畫的問題上，同樣有屬於財務的規則，那便是「風險越高，報酬越大」。這個規則適用於每個人，也適用於各個企業。企業同樣會因所處的產業別、地區、勞工素質、公司文化等有不同的財務規畫。因此對於經理人而言，財務策略即是企業在投入一次又一次財務的規畫中，盡可能以較小的資金成本取得資金的來源，同時盡量最小化成本或最大化收益。企業的財務策略與報酬之間的關係可參見28頁圖。

從財務策略的視角來看「企業營運」，由於股東是公司的擁有者，為了達成「股東利益極大化」的終極使命，關鍵在於企業組織的價值最大化。像是於一九七七年成立的被動元件服務供應商國巨公司，歷經下市風波，股價一度低於十元，還陸續進行了四次減資，退回股東至少三四〇億元現金。但在減資、技術升級，還有產業帶來榮景之下，終於二〇一八年六月股價一度衝破千元，為股東創造大幅翻倍的價值。

企業的營運不外乎使自身價值最大化，因此以財務的角度而言，組織的日常營運其實可看作是一次又一次的財務規畫，這些財務規畫目的在創造最大的淨利潤，企業價值的創造靠的是一次又一次的財務策略，在風險可控的情況下盡可能追求價值報酬。考

增加股東價值策略＊

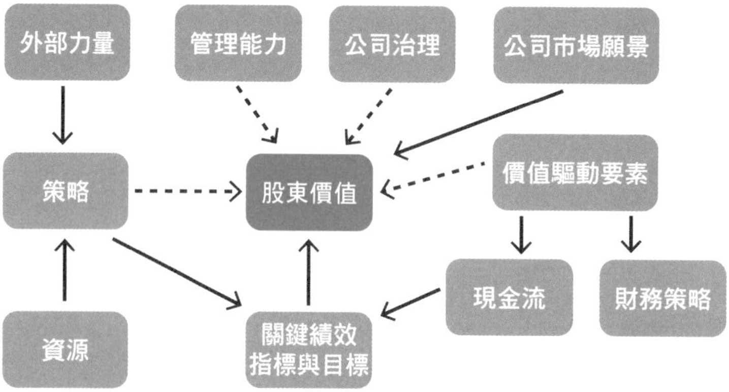

量從財務的角度上貨幣的時間性，又可以說是為了創造最大的淨現值（Net present value, NPV，參見98頁）。

企業價值的提升，仰賴這樣的原理，經理人在財務評估和商業模式的分析上，必須注意到整體環境情勢的變化，同時針對產業環境及自身的營運狀況進行深入探討，加上配合公司的文化、價值願景與生命週期，以達到最終目標——對於未來市場趨勢發展做全盤的釐清與規畫，訂定出相應的財務及經營策略，替公司創造價值。

本書第一章曾引用 Ruth Bender 與 Keith Ward 二〇〇八年所提出以財務的角度歸納了七個驅動公司價值創造的因子：①增加營收規模②提高營業毛利③公司節稅④減少每年額外的資本投資支出⑤減少營運資金的資金需求⑥延長競爭優勢的時效⑦使

＊資料來源：Corporate Financial Strategy, Ruth Bender and Keith Ward, 3rd, 2008.

資金成本下降；同樣地，評價其他企業的價值也是要檢視是否有達成以上的價值創造因子，以便在未來的時點能成功創造企業價值。除了了解企業所處的總體經濟環境，在不同的經濟狀況下，也應配合企業文化採取適當的財務或經營策略。舉例來說，當經濟處於擴張狀態或出現新應用時，若企業擁有積極、勇於創新及投資的文化，則應採相對應的積極手段，如擴張公司資本支出、大舉徵才、舉借債務等等；反之當景氣不佳、市場冷淡時，企業則應以較保守的財務、經營策略因應之。但若企業能夠有長線投資、逢低布局的價值願景，則應選擇在此時擴張投資支出。

企業價值評估的三大要素

根據前述，企業的價值來自一次又一次成功的財務投資，因而可以將價值創造看作成功的財務策略，並且包含**獲利面**、**成長面**與**成本風險面**三個部分的考量。這三者構成一個基本單位的財務操作，並由無數的財務操作累積企業的價值。

首先是獲利面的考量，企業提升自己價值最直接的方式，就是創造更多的利潤，這也是企業花費最多心思制定策略的領域。目前普遍在產業中使用的策略規畫工具是麥肯錫顧問公司的**SWOT分析**，包括分析企業的優勢（Strengths）、劣勢（Weaknesses）、機會（Opportunities）和威脅（Threats）。SWOT分析是對

企業價值評估的三大要素

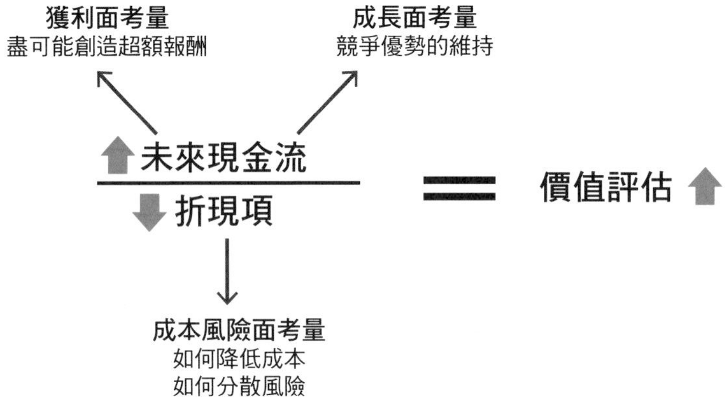

財務策略三大議題：獲利、成長、成本風險三者的平衡性同樣需要關注

企業內、外部各方面的條件做全面性的審視，分析組織或產業內部的優劣勢，以及對外所面臨的機會和威脅。透過SWOT分析，企業得以明確制定策略目標，並把資源和執行聚焦在本身的強項和最有機會的地方。

若將獲利面的考量與創造企業價值的七大因素連結，我們可以發現其中前四點，正是根據企業獲利面而生的價值創造因子。

・增加營收規模
・提高營業毛利
・企業節稅
・減少每年額外的資本投資支出

再者是成長面的考量，企業創造

SWOT 分析及案例

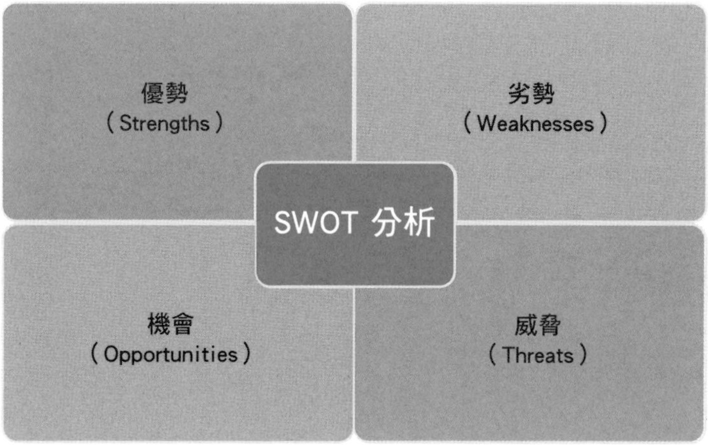

以台積電為例，簡單列出其二〇一八年SWOT分析如下：

優勢	劣勢
• 卓越的公司治理文化 • 領先的半導體製程技術 • 全球晶圓代工品牌領導 • 吸納優秀人才	• 二〇一八年新管理階層上任，有經營上的不穩定風險 • 突破摩爾定律後，晶圓技術發展趨緩 • 巨大資本投資的財務風險
機會	**威脅**
• 物聯網、人工智慧發展刺激半導體產業持續發展 • 僅有少數廠商有能力投入大量資本研發與蓋廠，進入產業門檻高	• 韓國三星與中國政府大力發展半導體產業 • 二〇一八年中美貿易戰，影響原本供應鏈

利潤後，另一個重要延續價值的方法就是保持一定程度的增長性。財務的本質即是對未來的預估並且折現後的結果，企業的營運一定程度上也是根據這個原理。如何能延續企業的成長性呢？在七個價值創造的因子中的「延長競爭優勢」，就是保持成長性的能力。

持續投資於高成長性的事業是好的做法。企業制定策略常用的**BCG矩陣**提供了審視投資高成長事業的輪廓，該方法是由波士頓顧問集團（Boston Consulting Group, BCG）在上世紀七〇年代初所開發。BCG矩陣以市場成長率為橫軸，市場占有率為縱軸，將組織的每一個策略事業單位（SBUs）標在一個二乘二的矩陣上，依據這兩個因素，將產品或事業單位分為明星事業、問題事業、金牛事業、落水狗事業。從矩陣中，可以看出哪個SBUs提供較高的收益，以及哪個SBUs需要再加強。發明BCG矩陣兼波士頓顧問公司創辦人布魯斯．亨德森（Bruce Henderson）認為「公司若要取得成功，就必須擁有增長率和市場占有率各不相同的產品組合，組合的構成取決於現金流量的平衡。」因此，BCG矩陣的功能之一，也是透過業務的重新分配最佳化後，達到企業的現金流量平衡。

另一個做法則是繼續保持競爭優勢，讓同業無法在短時間內侵入自身已保持的優勢領域。企業常用的「六力分析」模型亦提供了一個清晰的方法論。此概念是英特爾前總裁安迪．格魯夫（Andrew S. Grove），以麥可．波特（Michael Porter）的五力

BCG 矩陣

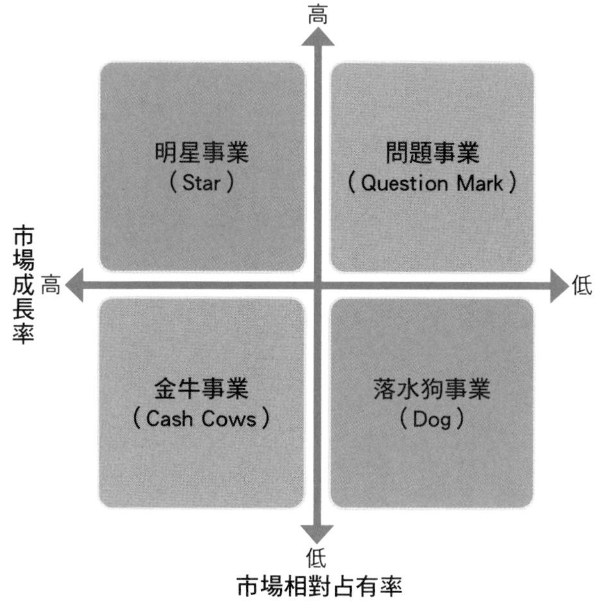

以BCG矩陣分析台積電產品線，例如智慧型手機市場成長趨緩，已慢慢走向金牛事業。而台積電已有九成市占率的挖礦晶圓代工市場，由於該市場需求依然強勁，即屬台積電的明星事業。台積電曾成立太陽能子公司，也大力投資了在二〇一八年慘虧、董座請辭的太陽光電大廠茂迪，但該事業顯然已變成落水狗事業，台積電最後也認賠殺出。

分析架構為基礎，重新探討並定義產業競爭的影響力，尤其新增了第六種影響力：協力業者。他認為影響產業競爭態勢的因素分別是：

①現存競爭者（Competition）的影響力、活力、能力；
②供貨商（Suppliers）的影響力、活力、能力；
③客戶（Buyers）的影響力、活力、能力；
④潛在競爭者（New Entrants）的影響力、活力、能力；
⑤產品或服務的替代方式（Substitutes）；
⑥協力業者（Complementary Products）的力量。＊

在錯綜複雜的競爭環境裡，透過「六力分析」有助於企業於產業中，定位出本身所處的競爭優勢和在市場上的吸引力，並深入探究獲利能力的策略性創新，以求保持競爭優勢。

最後一部分則是企業成本風險面的考量。成本風險在財務上是企業價值的折現項，理論上企業在追逐更高成長的領域，或者更多報酬的業務時，都會帶來更高的風險，也會讓企業的價值折現更嚴重。關於企業成本風險的控制，簡而言之，企業的財務彈性與市場時機在實務上最為重要。一個好的經理人，應該思考自身的企業能承受多大

＊來源：MBA 智庫網站 www.mbalib.com

六力分析及案例

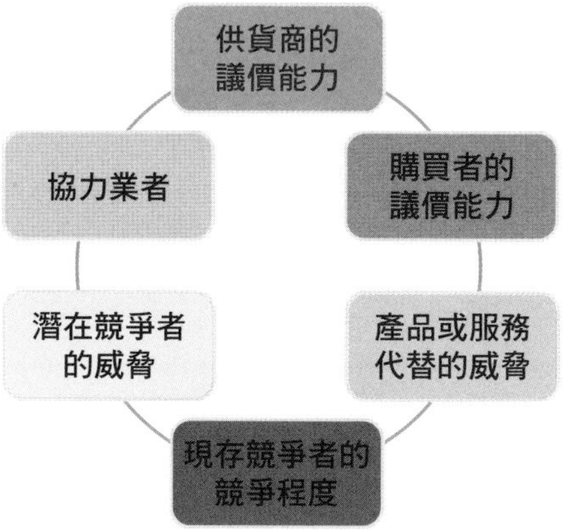

以台積電為例，分析如下：

現存競爭者：有聯電、格芯、三星等大廠。其中台積電在二〇一八年上半年的市占率約為五六%，遙遙領先其他競爭者。台積電的先進製程技術優勢、穩定的客戶關係與半導體產業生態系統，讓台積電在現存競爭者中居於上風。

供應商：由於該產業有能力競爭的晶圓廠較少，且各設備與材料採購規模大，又台積電可主導產品規格及驗證，除高階設備供應廠商少，可主導先進設備外，其餘供應商的議價能力較弱。

購買者：台積電有八〇%的營收集中在約三十個客戶中，導致議價能力降低。若半導體業整併擴大，也將削弱台積電議價能力。但台積電仍可憑著製程技術的差異化、穩定產能等，提高客戶轉單成本。

潛在競爭者：除原有競爭者三星宣示要擴大市占率，增加其資本支出外，中國近年來積極投入晶圓代工產業，扶植國內企業發展。另外英特爾也投入晶圓代工市場，台積電所要面對的將會是實力強大的潛在競爭者。

產品或服務的替代方案：目前在市場上還沒有明顯的替代品，但隨著新技術的發展，晶片可重新設計；替代材料的使用，例如石墨烯等，未來仍須注意市場發展。

協力業者：台積電重視與合作對象的關係，像是長久以來的圖像晶片廠輝達（Nvidia）、蘋果公司等，為其提供尖端製程技術與設計服務。近年來則積極在人工智慧與物聯網領域中，培養新合作夥伴，與其一同成長。

企業的生命週期

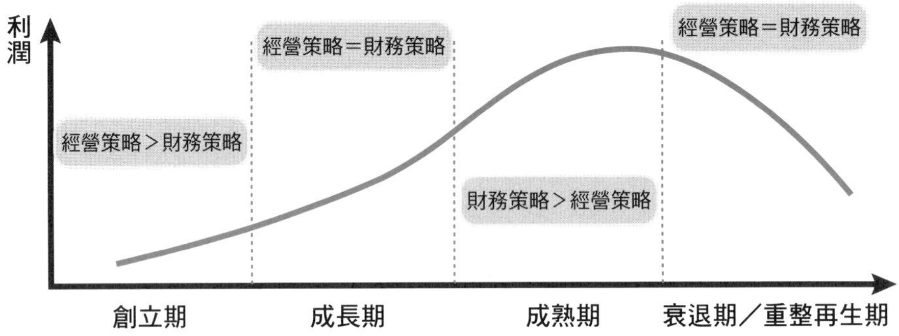

的風險，現存的融資能力與技術能否負擔高目標的業績？除此之外，企業的生命週期更是筆者強調的重點，在不同的生命週期中，經營策略和財務策略的比重皆不相同。當企業處於創立期，因營運尚未成氣候，需以本業經營為主，將資源投入研發、行銷等部門以搶得市場先機，財務策略在此階段的使用比重需低於經營策略；而成長期開始，企業營收雖能有顯著成長，逐漸奠定市場定位，惟經營仍不穩定，企業面臨之波動仍大，因此財務策略與經營策略應並重；步入成熟期以後，企業成長動能逐漸消失，因此企業需經由提高財務槓桿等財務操作，以降低資金成本、提高企業競爭力，故此階段之財務策略使用比重將高於經營策略；若企業進入衰退期或重整再生期，財務策略和經營策略的使用將變得同等重要，如此才能挽救逐漸衰退的企業。

企業價值評估的工具與實務運用

在了解企業評價的三個基本思考點後，接著要介紹企業常用的三大評價工具：資產價值評價法、倍數評價法以及現金流量折現法。

資產評價法

資產評價法是分別計算企業的逐項資產價值，並減去企業的負債而得出的淨值。企業的價值在於其擁有的資產價值，所以此方法重點在於如何評估企業所擁有的資產價值。

資產評價法看似簡單，但筆者認為此方法在邏輯上有一個嚴重的漏洞：企業營運看的是長期，而依賴的不僅是各項有價值之資產，也包含企業的文化以及人力等難以估算其價值的資本。在二十一世紀的現代更是如此，知識產業的本質即是透過人類的智慧創造更多有價值的活動，諸如網際網路企業、生技產業亦或是在許多由平台經營的共享經濟模式，企業的有形資產往往與其整體真實價值脫離，更暴露了這個方法的弱點。因為這些企業有價值的原因，不是具有交換價值並可衡量的資產，還包括許多不會出現於資產負債表中的無形資產（品牌、專利技術、客戶數等），也包括結合各項資產、負債所創造出來的效益，如人力與新科技結合的價值與新商業模式等等。此外，無論是

資產評價法

資產評價法＝企業逐項資產價值－企業負債

一家企業或單一投資人在投資另一家企業時，通常假設企業可永續經營，重視企業未來的盈餘與股利，並不希望企業處分資產，故不會以資產價值衡量企業價值，因此評價時不能完全以淨資產價值代表企業價值。

一般而言，資產評價法應用時機多為企業進行清算，或併購另一間企業的某部門進行購買價值分攤。舉例而言，Google和宏達電簽署約新台幣三百三十億元（十一億美金）的合作計畫，協議由Google購買HTC的手機部門，原本Power by HTC（HTC的ODM代工）的工程師大約兩千人，這兩千名成員將變成Google的員工，會把HTC製造和研發的工作方法帶過去，加速Google發展硬體事業。此次的購買協議就適用資產評價法。

倍數評價法

第二個方法是倍數評價法，也稱作「**同業比較法**」或「**市場比較法**」。以企業目前的財務指標與營運狀況為依據，並用目前的財務數字與同業相比進而推估自身的價值，主要運用的財務數字有兩個：**本益比**或者**市值帳面價值比**。

倍數評價法

倍數評價法＝同業的平均本益比×被評價公司當年的稅後淨利

如上列公式，這個方法的使用上非常簡單，選擇市場上可受評價之類似企業，並計算其平均本益比，最終與自身當年度的稅後盈餘相乘，即可得到被評價企業的價值。值得注意的是，若被評價企業當年度的稅後盈餘為負值，將無法使用此方法，此時應挑選另一個評價指標：**市值與帳面價值比**。先行計算同業的市值與帳面價值比例，再與被評價企業的帳面價值相乘亦可得到企業的價值評估。若同業或被評價企業無上市或公開發行，無法評估市值的話，則採用稅前息前折舊前攤銷前利潤（EBITDA）當作計算方式。像二〇一四年瑞典家電製造廠商伊萊克斯（Electrolux），預計以三十三億美元收購奇異公司（GE）的「奇異家電」（GE Appliances）品牌。而該交易及根據奇異家電在二〇一四年預期的 EBITDA 的七．〇至七．三倍。根據湯森路透的資料，奇異家電當時包括債務的企業價值約為三四．五億美元*。

倍數評價法最大的困難是比較公司的選擇，甚至是面臨無可比較公司的窘境。舉例而言，若是要評價特斯拉、Uber 或者亞馬遜公司，都會面臨到同產業中無相似公司的情況，或許在該產業都有別的公司，但由於皆非龍頭，因此無法以該方法獲得一個較好的評價

* 資料來源：CNBC 新聞網站，https://www.cnbc.com/2014/09/08/ge-to-sell-appliance-business-to-electrolux-for-33b.html

結果。使用評價法時，財務比率的選擇亦是一門學問，筆者雖然提出了兩種最常使用的財務比率，但讀者們可根據不同的情境使用具合理性的財務比率。最後一點要提醒的是，使用本方法的弱點在於企業當前的財務比率，如淨利、**EBITDA** 等不一定具有可持續性，若當年的獲利偏高，則計算而得的估值亦將偏離許多，這點請務必小心。

現金流量折現法

最後一種方法是現金流量折現法，這是一種將未來企業會產生的現金流量，依適當的折現率調整而得到的價值評估。採用此方法首先將面臨兩大困難：一是如何估算未來每一期的現金流量，該用多少的成長率？現金流的來源會不會具有很大的波動性？另外是折現率的決定也是一個困難點。

此處所指之現金流量，並非會計學中所指之現金流量表內的現金流量，而是**自由現金流量（Free Cash Flow, FCF）**，即公司因營運產生之現金流量減去必要之投資支出及稅負支出。自由現金流量反映企業所產生且能分配給企業出資者之「經營利潤」。

此方法最大的問題在於假設過多，首先是逐期的現金流難以估算，成長率是否每年都為固定？根據生命週期的不同，會有不同的成長率表現，而折現率的決定可以使用**加權平均成本資金法（WACC）**來估算。值得注意的是，WACC 亦非固定值，這些假設的不確定性都給評價帶來極大困難。

現金流量折現法

FCF＝不含利息支出之營運活動的現金流量－投資活動的現金流出－稅

$$\text{企業價值} = \sum_{t=1}^{\infty} \frac{FCF_t}{(1+WACC)_t} + \text{非營業資產價值}$$

加權平均資金成本（WACC）法

$WACC = w_s \times r_s +（1-w_s）\times r_D$

w_s＝自有資金比率（如保留盈餘、或新股發行）

r_s＝自有資金成本

r_D＝融資資金成本（稅後、舉債融資成本）

實務上，現金流量法仍然受到一定程度的使用，原因在於此法假設雖然多，但卻是最符合財務價值估算精神的方法。

這三種實務上常見的方法，依據筆者經驗，**評價本身除了應用上述工具外，更重要的是參數的選擇，評價即是工具搭配參數應用的藝術**。在評價過程中，慎選第三方評價、專業評價人士固然重要，但經營者本身也需了解評價思維的邏輯，才能判斷他方的評價是否合理。上述評價方法可運用的對象繁多，包含欲執行併購策略的公司；企業經理人所管理的公司價值被投資人低估；欲將事業部獨立、處分或切割公司的經理人；企業經理人希望能尋找潛力投資人、管理買下或策略聯盟者都適用。在當代企業傾向併購與出售蓬勃發展的經營環境，經理人擁有評價一間企業的基礎能力可謂非常重要。

評價個案應用分析

二〇一二年五月，長投大師提出以一．七三億美元現金收購已有近五十年歷史的大眾報紙業M公司，M公司旗下多角化經營數家電視台及報社，服務區域以美國東南部為主。在現今數位化的趨勢下，大眾取得資訊的管道變得更加多元且即時，報紙發行量逐年遞減，導致以報紙業起家的M公司正面臨其財務上重大的威脅。

報業的營業收入大致可分為廣告刊登與紙本發行，其比重約各占八成及兩成。然而在網路報紙的興起下，使得實體報紙的廣告營收大幅下降，再加上發行量的減少，使報業在近幾年面臨獲利能力不斷下降的困境。除了營收的減少，成本面也不斷上升，員工薪資、退休金負債、原料與設備的上漲亦侵蝕著獲利，最後導致其利潤減少而槓桿比率升高，使諸多報社瀕臨破產的邊緣。

M公司的銷售從二〇〇七年因產業變動開始下滑，其中又以報紙部門下降幅度最大，儘管M公司大幅裁員、減少資本支出且減少股利分發，卻仍使得其股價從每股七二美元跌至一・二美元，也讓槓桿比率維持在高水準。

而長投大師旗下的控股公司，過去便以收購並投資長期持有的策略著稱，儘管近幾年大眾普遍不看好報業的未來發展，長投大師反而持有相反看法，他認為，未來幾年內，報業仍有其延續的價值，且根據一項調查顯示，即使現今報紙的發行量下降，人們閱讀地方報紙的比率卻反而上升。因此，長投大師提出以一・七三億美元現金收購M公司的六十四家日報社。

本案例的一・七三億美元是如何估算的？首先需界定下列前提：

①收購包含六十四家日報

②稅率依美國標準公司稅率：三五％

③本案例未計入報紙部門損失帶來的稅賦利益

企業評價與自身價值增長

企業對價值評估能力的掌握亦可以運用到自身。經理人除了根據價值創造的三大構面進行權衡外，更可透過杜邦公司提出的杜邦方程式檢視企業本身的價值創造過程。（參見72頁）

M 公司評價分析

1. M公司目前與未來預估自由現金流量

（單位：$百萬）	2011A	2012F	2013F	2014F	2015F	2016F
營業收入	300	287	283	288	294	299
EBIT	6.3	14.2	13.7	21.3	28.1	30.0
稅負（35%）	（2.2）	（5.0）	（4.8）	（7.5）	（9.8）	（10.5）
EBIAT	4.1	9.2	8.9	13.8	18.3	19.5
折舊攤銷費用	22.1	20.0	16.0	12.0	9.0	6.0
資本支出	（3.5）	（5.0）	（5.5）	（5.9）	（6.0）	（6.0）
淨營運資金變動	1.4	0.6	0.2	（0.3）	（0.3）	（0.3）
總自由現金流量	24.1	24.8	19.6	19.6	21.0	19.2

2. 評價前假設前提

(1) 交易日：2012 年1月1日

(2) 預估現金流量為合理數據

(3) 加權平均資金成本（WACC）：11%（參考同業平均水準）

(4) 預估成長率：0.8%（因預估未來報紙業的成長性下滑）

3. 以貼現現金流量法（Discounted Cash Flow, DCF）估算M公司價值

期數	0	1	2	3	4	5
（單位：$百萬）	2011A	2012F	2013F	2014F	2015F	2016F
營收	299.5	287.1	282.5	288.1	293.9	298.8
EBIT	6.3	14.2	13.7	21.3	28.1	30
稅負（35%）	（2.2）	（5.0）	（4.8）	（7.5）	（9.8）	（10.5）
EBIAT	4.1	9.2	8.9	13.8	18.3	19.5
折舊攤銷	22.1	20	16	12	9	6
資本支出	（3.5）	（5.0）	（5.5）	（5.9）	（6.0）	（6.0）
淨營運資金變動	1.4	0.6	0.2	（0.3）	（0.3）	（0.3）
總自由現金流量（1）	24.1	24.8	19.6	19.6	21	19.2
永續成長年金（g=-0.8%）						161.41
折現因子（WACC=11%）（2）		0.90	0.81	0.73	0.65	0.59
貼現現金流量（1）*（2）	≅	22.32	15.88	14.31	13.65	106.56
加總貼現現金流量	172.71	173				

(1) 2016年後的現金流量以成長型永續年金公式折算至2016年

$$PV = \frac{CF_0 \times (1+g)}{WACC-g} = \frac{19.2\times(1-0.8\%)}{11\%-(-0.8\%)} = 161.41\ (M)$$

其中，WACC為加權平均資金成本（11%），g（-0.8%）為成長率，CF_0（19.2）為2016年之現金流量

(2) 年計算各期折現因子，t＝期數

$$公式 = \frac{1}{(1+WACC)^t}$$

計算方式如下：

第一期（2012年）之折現因子：$\frac{1}{(1+0.11)^1} = 0.90$

第二期（2013年）之折現因子：$\frac{1}{(1+0.11)^2} = 0.81$

第三期（2014年）之折現因子：$\frac{1}{(1+0.11)^3} = 0.73$

第四期（2015年）之折現因子：$\frac{1}{(1+0.11)^4} = 0.66$

第五期（2016年）之折現因子：$\frac{1}{(1+0.11)^5} = 0.59$

(3) 在已知未來每期預估現金流量及WACC下，以下列公式計算企業價值

企業價值

$$= \sum_{t=1}^{\infty} \frac{FCF_t}{(1+WACC)_t} + \text{非營業資產價值}$$

$$= \frac{24.8}{(1+11\%)^1} + \frac{19.6}{(1+11\%)^2} + \frac{19.6}{(1+11\%)^3} + \frac{21}{(1+11\%)^4} + \frac{(19.2+161.41)}{(1+11\%)^5} \cong 173\ M$$

杜邦公司將企業價值的創造拆解為三個面向：資產的使用效率、財務槓桿的倍數以及企業的獲利能力。

以台積電為例，其ROE約為一五．一二%，若以杜邦等式分解，我們得到：

$$15.12\% \fallingdotseq 23.41\% \times 0.527 \times 1.226$$

若相對應的產業平均值分別如下：ROE為七．七五%、銷貨利潤邊際為一二%、總資產週轉率為○．五二七及權益乘數為一．二二六，則可知台積電的ROE較高，應是其經營獲利能力方面有獨到之處，此即為杜邦分析。同時透過筆者反覆強調的價值創造的七大因子，這三大構面亦可以與七個創造因子連結如74頁表。

筆者將引入另一個觀念說明企業價值的累積，亦即**經濟附加價值累積（Economic Value Added, EVA）**，在計算稅後淨利時，僅扣除了負債的利息費用，利息部分僅反映債權人的資金成本，卻未考慮到股東提供資金也是有代價的，稅後淨利明顯高估了公司的獲利能力。因此再求算EVA時，稅後營業淨利必須扣除包括付息負債及股東權益等全部投入資本之稅後成本（此與稅後淨利僅扣除負債資金成本不同），其差額代表企業所投入的資本「每年」能為股東賺得的經濟利潤或剩餘價值；EVA越高，對

經濟附加價值累積（EVA）計算企業價值

$$\text{EVA} = \text{稅後營業淨利} - \text{投入總資本之稅後成本}$$

$$= \text{EBIT} \times (1 - \text{稅率}) - \text{投入總資本} \times \text{WACC}$$

$$= \text{稅後營業淨利} \times \left[\frac{\text{EBIT} \times (1 - \text{稅率})}{\text{投入總資本}} - \text{WACC} \right]$$

$$= \text{投入總資本} \times (\text{ROIC} - \text{WACC})$$

$$\text{ROIC} = \frac{\text{稅後營業淨利}}{\text{投入總資本}}$$

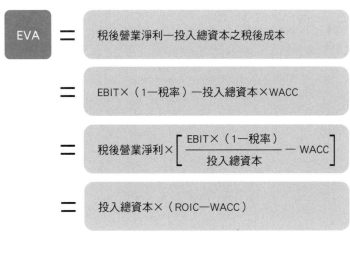

企業價值的提升越有幫助。

EVA亦可以公式表達，從上頁公式可以看出，一公司EVA之大小取決於ROIC與WACC的差額多寡。**ROIC（Return on Invested Capital, ROIC）為投入資本報酬率**。

當ROIC大於WACC時，EVA亦大於零，表示企業投入資本能替股東賺得正的經濟利潤，企業價值將會提升；反之，當ROIC小於WACC時，EVA將小於零，表示企業投入資本所賺得的報酬尚無法滿足股東與債權人之要求。

本章回顧

企業價值評估之所以重要，在於企業評價是企業管理者與外部投資人溝通的重要能力，同時也是執行併購策略（亦或是被併購）重要的基礎。同時，在日常營運上亦可幫助管理者找到讓自身價值提升的方法。

最後透過以下的檢查表幫助企業的經營者可以有效地檢視，在企業的日常營運中是否有注意本章所提及的重點，並且快速理解企業價值評估。

☑ 檢查表 ▌企業價值評估

1. 企業價值評估三要素分別是：
   - □ 獲利面考量
   - □ 成長面考量
   - □ 成本風險面考量
2. 企業評價三大方法分別是：
   - □ 資產價值評價法：根據資產現值進行估算
   - □ 倍數評價法：選取同業財務比率平均，進而推估自身價值
   - □ 現金流量折現法：根據未來逐期的現金流量折現得出
3. 杜邦公式有哪三項要素：
   - □ 企業獲利能力
   - □ 資產的使用效率
   - □ 財務槓桿的倍數
4. 經濟附加價值累積（EVA）公式是：
   - □ 投入總資本 ×（ROIC—WACC）

關於下一章

本章反覆強調企業評價的重要性，以當期與未來財務狀況與營運前景為依據，構築了企業評價的方法。根據三個評價方法，企業管理者可以根據不同的商業情境，對目標公司執行併購策略。而更多的併購方法論則在第七章中討論。

第 7 章

併購提升公司價值——積極的公司成長策略

【案例】

微軟併購 LinkedIn

在矽谷，哪一個是專業人才們最常用的社群網站？透過這個平台，除了可以知道自己好友的最新工作發展，朋友們也會交流自己公司的求才資訊，那就是世界最知名的專業人士社群網站 LinkedIn，中文名字是「領英」。LinkedIn 的出現，取代了部份獵人頭公司的功能，網站不僅提供了使用者跳槽、晉升的不同管道，同時也讓公司多了一個找到合適人力的來源。

LinkedIn 於二〇〇二年由里德・霍夫曼（Reid Hoffman）與幾位合夥人一同創辦。由霍夫曼擔任 CEO。LinkedIn 的使用者頁面跟臉書的最新動態有點類似，平台上不乏使用者追蹤的群組發布的文章，可以透過頁面查看朋友分享的文章或評論，並查看朋友追蹤的公司職場相關動態。獵人頭公司或是人資部門有時也會透過該平台與適當的使用者約面試。

這家公司的出現，一定程度影響並改變了求職者與企業的的關係。在二〇一一年，LinkedIn 在美國公開發行，希望從資本市場籌到更多資金，供未來策略發展之用。後來公司以每股四十五元的價格上市，幾年後，在二〇一六年，微軟宣布收購

LinkedIn，以每股一百九十六的收購價，總價高達兩百六十二億美元，比起當時公司的市價高出不少，算是溢價收購。然而，這宗併購案並不受分析師看好，回顧微軟過去的併購歷史，確實並不光彩，甚至有幾宗併購案可列入併購失敗案例教科書。包括：Hotmail、Skype、諾基亞（Nokia）手機部門、企業社群網站 Yammer、網路廣告業者 aQuantive 等等，但後來如何？Hotmail 在二〇一三年被微軟與自身系統 Outlook 合併後已正式消失於歷史，Skype 被併購後，因錯估行動通訊軟體的發展趨勢，導致在該領域大大落後，在二〇一六年時，該公司發跡的倫敦辦公室亦被微軟關閉，當年第四季裁員兩千八百五十人，象徵了該併購案的失敗。此外，諾基亞的手機部門也被轉售給富士康。

持平來看，其實微軟的併購成績單並非一無是處，該公司在遊戲領域的眼光就相當獨到，二〇〇〇年微軟以大約四千萬美元買下遊戲工作室 BUNGIE，其中發行的一款遊戲《最後一戰》（*Halo*），銷售金額就高達四十六億美元，以投資報酬來說，實在是一筆成功的投資；二〇〇二年買下的 Rare 公司，在二〇一〇年成功開發出的 Kinect 體感遊戲《Kinect 運動大會》至今銷量早已遠超過當初以三億七千五百美元併購所支付的金額。所幸 LinkedIn 在收購的隔年即有不錯的表現，根據微軟二〇一八年七月公布的財報，LinkedIn 賺進十三億美元，增長了三七%。

但整體而言，對比其本業營運能力與業界龍頭的地位，微軟併購的成績單仍不盡理想。在此，我們不免要問：「以微軟這樣一間世界頂級的公司，聚集了無數專業的頂級人才與龐大資金，究竟為什麼在執行併購時這麼不容易成功？付出了巨大的財務成本後，為何往往落得慘澹收場？」或者，換句話說，「明明有一流的經營能力，怎麼只有二流的併購水準？」聰明的讀者或許會再問：「究竟併購成功背後，潛藏著多麼巨大的利益？竟可讓一而再、再而三併購失敗，損失大筆金錢的微軟，願意繼續加碼併購。」

在微軟併購LinkedIn的故事中，關於併購的策略思考，我們可以歸納出以下問題：企業為什麼要執行併購？併購真的有好處嗎？在財務策略上應該怎麼安排？併購後有哪些困難？應該如何整合？網路上流傳一則笑話，阿里巴巴創辦人馬雲：「去幫我買份肯德基和必勝客，一會兒還要開會。」五分鐘後，秘書回來了：「馬總，已經買好了，總共四．六億美元，請您付款。」當然，阿里巴巴入主必勝客的過程不會如此簡單。筆者認為併購是非常高端的財務策略，背後牽涉的層面也跨越了財務策略的範疇，需要各部門的高階經理人通力合作。買一家公司可是件大事，如何收購以及收購後如何整合可都是學問，這一切的運籌帷幄考驗著經理人的大智慧。

筆者回國二十多年來曾參與多起資本市場的活動，包括：併購、股權收購、IPO等。根據觀察，前十年國內談併購的並不多，甚至在業界或學校上課時都很少提及，直到二〇〇〇年網路泡沫化之後，台灣的併購案件如雨後春筍般冒出，至今仍相當活躍。其實，併購在國外如美國、歐洲、日本、甚至於中國大陸，早已非常盛行，主要原因還是在於產業環境的轉變，企業紛紛想藉由併購活動來提升自己的競爭能力和實力。因此，本章筆者將透過自身在企業界執行併購的實戰經驗，希望帶給各位讀者關於併購的相關策略思考。

為什麼要併購

經營一家公司，管理者最重要的任務是什麼？答案是「**創造公司價值**」。那麼，怎樣才能創造公司價值？一般而言，公司要能不斷成長，透過營運的成長，帶動股票價格的成長；經由不斷的成長，創造出股東持有公司股份的資本利得。所以，關鍵字是「成長」。成長的來源有二種：第一種，由公司內部自發性成長（又稱為有機式成長，Organic Growth），一家年輕的公司在營運週期的前半段，包含初始期與成長期的公司，大多屬於這一類的成長，只要公司的策略與產品都符合市場需求，並不需要涉入過多風險，公司也能自然成長。但是，對於規模較大的公司或是屬於成熟、衰退期的公司，就容易如同大象一樣的笨重，這時候成長就難了。此時，就需要第二種成長：經由**外部併購**（**Merges and Acquisitions, M&A**），就會是一個相對迅速的好選擇，藉由收購市場上既有的公司或部門，快速幫自身企業取得成長機會。

最有名的例子莫過於葛斯納（Louis V. Gerstner）帶領ＩＢＭ轉型。一九九三年，剛上任的葛斯納為了挽救ＩＢＭ這間曾經不可一世的電腦硬體公司，力行策略轉型，葛斯納認為ＩＢＭ不能只當一間電腦硬體公司，應該轉向軟體服務，提供顧客完整的解決方案（Total Solution）。因此，葛斯納毅然決然在ＩＢＭ成立了全球服務部門，主攻企業客戶資訊系統整合。原本在幕後的ＩＢＭ工程師，搖身一變成為第一線拜訪客戶的產品經理。有了這個目標，ＩＢＭ去併購了蓮花（Lotus）公司，擴大軟體的研發工作。一直到二〇〇一年，ＩＢＭ轉型後銷售的主力，來自於服務和軟體部門，這個策略也深深影響ＩＢＭ接下來的股價發展，ＩＢＭ的股價由一九九三年的十幾元低檔，在一九九九年衝破百元，成長八倍以上。因為靈活運用了併購策略，讓ＩＢＭ這一頭歷史悠久且包袱沉重的大象也能翩翩起舞。

在二十一世紀以網際網路、物聯網以及共享經濟為主的新型的經濟型態，併購活動將更加蓬勃。原因在於現代的經濟與企業營運，大多使用獨特的經營模式，屬於高知識密集為主的輕資產企業。像是Uber、Airbnb等公司大多選擇不公開發行，反而透過非公開方式，引進如私募基金這樣的專業投資者，進而引進具投資專業知識、管理能力的經理人協助公司經營、找尋被大型公司併購的機會。《財星》（*Fortune*）亦曾製作專題，公布美國未上市公司的趨勢：美國大型企業未公開上市的比例越來越高，雖然企業家數持續成長，上市公司數卻從二十年前的高峰驟減四五％，ＩＰＯ（初次公開發行）家數也再度落入低點。許多大型的獨角獸企業，有了私募基金的人才與資金的挹注，根本不急著上市。筆者認為，未來企業透過私募管道獲取資金的情況只會更多，大型公司在初期參與股份投資，或直接併購的情形將會越來越頻繁。原因在於，現代經濟特色是新技術或商業模式的破壞性創新威力太過強大，可能一夕之間就會改變產業面貌，所謂「不怕過錯，就怕錯過」，各產業龍頭為避免遺憾，只能透過加速併購為公司找機會。

在前文提出「併購是極度高端的財務策略」的觀念。前面的章節裡透過財報的架構了解了公司的營運重點在於資產負債表左右的調和與平衡，從哪裡找錢並把錢投資於會帶來利潤的事業或資產。而這項工作的極致便是直接買下一間公司。這是一個最快速、有效的方式，雖然可能有評估錯誤，有後續文化磨合的問題，但在現代高度競爭的環境下，立竿見影的併購策略成為不可或缺的選項。

併購其實是一項高風險的行為，打開全球併購史，併購不難，但成功的併購很難，公司還有可能因為併購而深陷凶險之中。既然這麼危險，為甚麼還要冒險？總結來說，有下列原因：

①**因為公司要成長！**公司需要持續的價值成長，單靠內部成長已經不足以支應，這也是最常見的併購理由。例如製藥業，新藥研發不易，研發還要分三階段，對於大廠而言，直接併購有潛力的技術，或是已經通過前期階段檢驗的新藥，反而更快。例如：瑞士羅氏藥廠收購美國基因科技公司，取得經營權，更包含完整的藥品使用權。

②**這是策略更是謀略！**或許短期沒有急著併購的需要，但是，併購也可以是公司的重要長期策略。像是：補足現有產品線的不足、做出與競爭對手不同的市場

區隔、取得關鍵技術或是Know-How。例如：中華電併購通路商神腦，除了擴大零售通路外，也希望取得神腦的存貨管理與掌握能力，以及神腦的手機銷售能力等。

③**別讓對手捷足先登！**併購也可以是為了阻止競爭者對目標公司進行的併購。當市場上有好的併購目標出現時，通常會由買方委託投資銀行遊說，此時若得知競爭對手有意買下目標公司，為了避免競爭者乘機坐大，可能必須先下手為強。例如：美國陶氏化學宣布與杜邦合併後，引來德國巴斯夫化學公司的注意，意圖「搶親」。最後在二〇一七年還是成功合併為「陶氏杜邦」，成為全球化工產業龍頭。

在進行併購時，管理者必須先思考為何要進行併購？以美國科技大廠思科（Cisco）為例，思科由自身併購公司的原因，延伸出一套併購標準，以篩選市場上可能的併購標的。對於思科而言，併購是為了滿足客戶需求以及填補自身所欠缺的技術。思科第一家進行併購的Crescendo是一間主要生產交換器的公司。因為思科的大客戶波音公司下了區域網路交換器的訂單，因此，思科以需求為出發點去尋找適當的併購標的，就成了當時積極併購的主因。對於思科而言，篩選被併對象的標準，首先要考慮目標公司與思科經過併購後，是否雙方均因此獲利，能夠互補的技術、通路、產品線，甚至擴展到公司組織與資源上是否能互助合作。第二，在選擇目標公司時，雙方是否有著一致的願景，其中包含了對產業的看法是否一致或接近，再來也必須考量到不同的公司文化是否能夠相契合，甚至是面對經營風險時，彼此是否對於風險涉入程度有相似的態度。最後、也是公認最特別的一點是將目標公司與思科或其所擁有機構之間的「地理距離」納入考量，以方便併購後的運作。

併購的型態

實際談到併購的型態，其實「併」與「購」是兩種不太一樣的概念，分別如下頁圖所示。

合併與收購最大的分別在於，合併一定是兩間公司的權利與義務「全部」合併，但是收購可以僅收購「部分」的資產。

收購的型態

收購可分**股權收購**（**Stock Purchase**）與**資產收購**（**Asset Purchase**）兩種。股權收購指的是以直接或間接方式購買目標公司部分（或全部）股權，取得控制權或投資；資產收購則是僅購買目標公司部分的資產，與股權收購的主要差異在於不承受目標

併購之涵義

併購是收購（Acquisition）與合併（Merger）兩種財務活動之總稱。

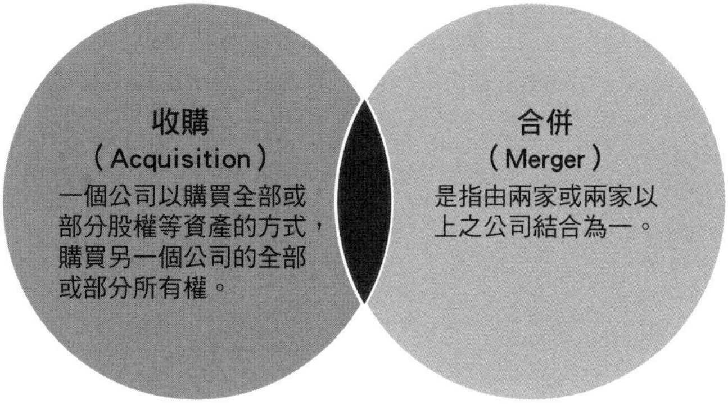
收購
（Acquisition）
一個公司以購買全部或部分股權等資產的方式，購買另一個公司的全部或部分所有權。
合併
（Merger）
是指由兩家或兩家以上之公司結合為一。

收購的型態

收購方式／項目	股權收購	資產收購
賣方稅負名目	證交稅	營所稅
股東分散問題	較複雜	較單純
公司與第三者合約	原則上承接	重新議定
銀行貸款債務	原則上承接	重新議定
勞工問題及福利	承接	無
原公司債務	承受	不承受
累積虧損之稅盾	承受	喪失
土地增值稅	遞延	當時繳納
資產帳面價值之計算	按原價值計算	按收購價值計

合併的型態

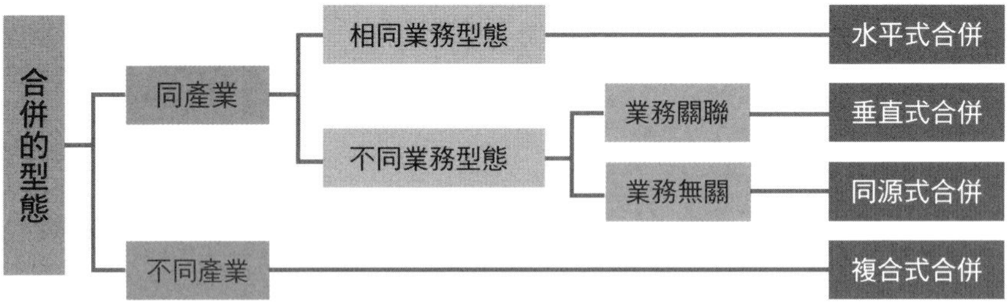

公司之債務。依據收購方式與項目，兩者間的差別如上頁表所示。

合併的型態

①水平式合併：指由同一產業中，兩家從事相同業務公司進行的合併。主要目的為：第一，藉由合併來達到最適規模，以收降低單位生產成本之好處；第二是提高市場占有率。例如日月光併矽品，同樣皆屬於封測產業，為水平式合併。

②垂直式合併：指同一產業上下游公司間之合併，又可分為向前整合和向後整合兩種。對向前整合之併購而言，下游公司可掌握上游之原料，獲得穩定低廉之供貨來源；向後整合併購之好處，則可使上游公司之產品有固定之銷售管道、降低經營風險。垂直式合併另一個優點在於兩家公司可充分規畫利潤之分配。例如近

年來太陽能廠為求上游原料供應穩定，向上整併趨勢明顯；面板廠為求存貨去化，則趨向整併下游廠商。

③**同源式合併**：指相同產業但業務性質不同，且彼此業務並無直接往來關係公司間之合併。如ＩＣ設計大廠聯發科二〇一五年起開始併購同為晶片設計、但專注於不同領域晶片產品的設計廠商，聯發科併購的目標公司有曜鵬（影像處理半導體）、常億（利基型記憶體）、奕力（面板驅動ＩＣ設計）及立錡（電源管理ＩＣ）。

④**複合式合併**：指兩家業務性質完全不同之公司間之合併，亦稱為集團式合併或多角化式合併。好處有兩點：在財務方面，由於兩家公司之間可相互支援，所以可降低所需的流動資金等預防性資產，而且也可以有效降低公司整體之財務風險；在管理方面，設立總管理處可以達到管理上之規模經濟與效率。

前文曾提及新零售的浪潮，中國電商巨人阿里巴巴集團ＣＥＯ張勇則說：「線上線下（Ｏ２Ｏ）營運是不能分開的，他們需要做數字轉型，這種新型銷售模式不僅適用於中國，也適用於全球的市場。」。這樣的趨勢被稱作「Ｏ２Ｏ全通路新零售」，其特點就是將網路的銷售管道與實體的銷售管道視作一體化的購物體驗。因此，越來越多的電商巨頭加入線下實體商店的發展，亦促成另一波的併購潮，諸如美國亞馬遜併購實體生鮮超市全食，或是阿里巴巴在新零售領域布局的盒馬鮮生，都是兩方業務性質完全不同之公司間之合併的最好案例。

併購如何做為一種高端財務策略以及如何抗拒併購

日月光以及矽品的併購案轟動二〇一五年台灣產業界，中途還曾牽扯出鴻海宣布雙方擬交換新股策略結盟，堪稱近年產業界併購攻防的經典案例，最後日月光也成功收購矽品，同時取得被併公司的同意。在初始，矽品十分抗拒日月光的「**惡意併購**」（**Hostile Takeover**，又稱**敵意併購**，通常指併購方不採取事前協商的手段，突然直接向目標公司股東收購股權），不僅找來鴻海集團增資換股，甚至一度傳出要和中國半導體產業投資基金紫光集團合作，逼退日月光的惡意併購。但後續國際研究機構認為，矽品擬以二．三四股換鴻海一股，比例過低，此結果將導致鴻海取得矽品股權比例過高，將不合理稀釋矽品全體股東的股權，且矽品擬發行給鴻海的每股估價過低，而此策略聯盟是在日月光公開收購後一個禮拜才形成，聯盟的目的顯是為了引進「白色騎士」（參見234頁），希望打消日月光惡意併購的念頭，由於矽品董事會並未針對鴻海換股結盟股權以及換股定價的問題，提出合理必要的說明，最後進行到臨時股東會表決時，股東投票反對與鴻海換股結盟的增資議案，等於給經營階層當頭棒喝：股東並不反對日月光的併購，但是堅決反對與出資較低的鴻海合作。使此一結盟案宣告破局。

到了二〇一五年十二月十一日，矽品再度出招，宣布與中國大陸紫光集團簽署策略結盟及認股協議書，紫光將參與矽品私募，增資後紫光將持有矽品二四．九%股權。二〇一六年一月，矽品又表示若與日月光合併，在台灣市占率將超過八成，會違反「反托拉斯」，造成市場獨占的疑慮。關於矽品接連抗拒併購的出招，日月光很有耐心，而且擁有矽品一定持股，一路見招拆招，終於在二〇一六年五月宣布將成立控股公司，同時一〇〇%持有日月光和矽品兩間公司，並計畫讓日月光和矽品兩間公司下市，改由這間控股公司在台灣與美國紐約證交所掛牌。這宗經典案例，歷經出手併購、對方抗拒、白色騎士最後再度和談的過程，呈現出併購的藝術，在下文「抵禦主併公司的併購行為」將再解析其中的奧妙。

首先，「整合」很重要。併購時需要考慮整合，進行時也需要掌握未來整合的可能性與成功率。併購當下的收購程序只是一時的，併購後要如何納入自身公司、使其產生綜效，難度其實非常的高。其次，要有「大局觀」。併購的過程與動機不能只從個別角度檢視，常會因為一個環節的處理方式不同，而產生不同的結局。過去，台灣企業較少以併購方式達成公司成長的目標；然而，近年來隨著公司觀念改變，併購時有所聞，以併購來補足同時所欠缺的技術、市場，其實是值得考慮的方式，最好能成立公司專屬部門負責合併，且制定併購標準，包含公司的併購原則、併購定價、SOP等。

併購的動機

併購的動機分為以下幾項：

1. 追求綜效

也就是「1+1 ＞ 2」的效果，意指合併後公司整體之價值，將會大於個別公司價值之總和。有四項原因：

①規模經濟：藉由併後規模的擴張，生產、研發、行銷等固定支出都會因為公司規模擴大而降低每單位平均成本，這樣效果最常發生在水平式的整併。

②垂直整合：上下游的垂直整合，例如製造業將可從原料採購、生產、配送與銷售等流程中規畫整合。

③經營效率：兩間公司合併後，研發、管理、行政後勤部門的重新整併，裁換重複功能的部門，節省人力與成本，提升經營效率。

④增加市場力量：如果合併的對象是原來市場上的競爭對手，不但可以增加公司市場占有率，還能進而獲取較高的報酬率。例如近幾年在台灣大力推行的銀行整併，就是希望解決台灣市場小、但是銀行眾多所造成的過度競爭問題。銀行合併後，不僅市占擴大，更可改善銀行利潤，有助於銀行業跨出台灣市場。但在許多市場中，併購可能造成市場的寡占，影響公平競爭，會引起主

管單位的關注。

2. 租稅考量

對於併購公司而言，租稅考量通常不會是主要原因，但是若有許多條件相似的公司可選擇，也可將租稅因素納入考量。

①扣抵所得稅：當公司當年度獲得高額利潤時，可以為了減低所得稅而併購一家已累積高額虧損的公司。

②處置閒餘資金：若公司有閒置資金（通常發生於成熟期的公司），企業沒有適合的投資機會時，若併購一間有較多投資機會的公司，可產生雙贏的效果，既可增加企業投資機會，且短期內不會增加股東應繳的所得稅賦。

③舉債之節稅效果：若收購的目標公司之負債水準較低，對收購者而言，可以增加資金的來源外，亦可以享受稅盾的好處。

3. 借殼上市

母公司藉由收購已上市的目標公司，將母公司資產置換進入目標公司後，實現母公司上市的目標。借殼上市分為幾個階段，首先該收購案的目標公司通常會是市值較低的公司，主因是為了降低公司的收購成本，通常會選擇市場中處於夕陽產業的上市公司，在買下該公司後，透過配股等手段將母公司資產注入，最後雖然股票代號屬於子公司，但實際上是母公司的資產，實現母公司上市的目標。例如二〇一三年引發食品安全疑慮的胖達人，其投資者——基因（6130）即屬於借殼上市的公司，事件連帶引發社會對於借殼上市的關注。

檢視以上動機，日月光併購矽品應是追求綜效，併購後的公司可成功水平整合，提升該公司在產業界內的議價能力。值得注意的是，當時如果不是日月光，而是由擁有眾多子公司的鴻海集團併購矽品呢？其實應該也可以達成不錯的綜效，不同的是，綜效的來源將會是因為垂直整合。

抵禦主併公司的併購行為

針對主併公司的併購，目標公司如果不是十分樂意接受，對於被併公司來說，還是有許多方式可抵禦，介紹如下：

合併前的抗拒方式

1. 訂定特殊之公司章程

為避免公司遭到併購威脅，有些公司的章程規定董事會成員每年僅能改選三分之一，就算被併購後，原有董事會還可以維持控制權一段時間，增加併購後整合的難度。

此外，為抗拒合併，有些公司章程則會規定，需須獲得四分之三之股東同意，合併案方可成立，這使得主併公司需要取得更多的股權或是股東認可，增加併購成本與難度。

也有少數公司，將股票設計為不同種類與股權架構，公司賦予創辦人或其後嗣較高之投票權數，以保障其對公司的控制權。以 Google 為例，Google 上市前將股票分為 A、B 兩類，兩類股票同價，不過 A 股每股只有一票投票權；而 B 股不能公開交易，投票權是每股十票。這樣的股權結構之下，若未來其他公司要併購 Google，難度將大幅提升。

2. 毒藥丸

毒藥丸（Poison Pill）是指目標公司採取自我傷害行為，以減少其成為其他公司併購目標之可能性，這些行動包括：

①發行附賣權之債券：亦即賣權條款規定，公司一旦面臨惡意併購威脅時，債權人可立刻要求公司贖回債券。

②金降落傘：是指一旦公司被合併，併購者必須支付鉅額紅利給目標公司經理人做為補償。

③原股東之保障：亦即當公司股票被大量收購時，原有股東將有權買進額外之股票，或者可以相當高之價格要求公司買回持股。

合併時的抗拒方式

1. 說服公司股東：向公司股東說明收購者提出的收購價格太低，勸說股東不輕易賣出股票。

2. 買回股票：在公開市場中買回自己公司股票，迫使公司股價上升到超過併購者所提出的價格。

3. 提出控訴：向法院或公平交易委員會提出控訴（Litigation），控告併購公司違反公司法等相關法令。

4. 資產重整：將併購公司中意的資產售出，或是買入一些併購公司不想擁有資產等。以防禦性的合併，提高公司被接收的難度。

5. 負債重整：係指目標公司可大量發行債券，提高公司負債水準，藉以嚇阻收購者。

6. 反接收：目標公司大舉購入併購公司的股票進行反接收（Pacman），以對抗併購公司的合併行為。

7. 白色騎士：為抗拒主要併購者，目標公司會尋找其他併購公司，而因此稱為白色騎士（White Knight），以對抗原來的併購公司。

8. 綠色郵件：如果沒有白色騎士出現，而公司仍不想被接收時，可主動與收購對方進行談判，商議以高於市場之價格做為溢酬，將對方手上持有目標公司的股票予以購回，並約定對方在一段時間內禁止再次購買，以限制其所持有的股數，避免合併再度發生。其中，高於市價的溢酬稱為綠色郵件（Greenmail），而限制買賣股票的協議則稱為凍結條款（Standstill Agreement）。

在矽品抵禦日月光併購的經驗中可以發現，矽品除了第一時間使用公開信呼籲股東不要賣股之外，也向公平交易委員會提出若日月光併購後恐有獨占的疑慮，以提出控訴的方式讓日月光併購難度增加。另外，還找來鴻海做為白色騎士，對抗日月光的併購。

併購後的挑戰與問題

1. 對併購交易架構不夠了解

被騙了！目標公司或其財務顧問可能會隱瞞該公司或該產業所面臨之問題、交易之風險，或刻意誤導買方以建構一個有利的前景，讓買方對於併購情勢錯誤判斷。買方對交易架構、交易條件及交易成本不夠了解，導致在併購契約中缺少了該有的維護條款。

2. 併購價格過高

買貴了！買方支付過高的價金。忽略財務黑洞，也就是賣方在經營過程中從事的各種營運安排、或財務操作所產生的風險或隱藏負債，包括未入帳負債及資產負債表外負債。挖掘財務黑洞的目的是調整購買價格、了解賣方未主動揭露重大隱藏負債的原因與動機。此外，目標公司對於併購之抗拒也有可能提高賣方的併購成本。

3. 併購後無法順利整合

後悔了！買方可能因不當的交易架構，或高估合併綜效，因而無法達成原預定的併購效益。也可能由於所有權改變而產生後續不良影響（如合約的繼續性與有效性）。

併購完成後，必須在最短時間（最好在一百八十天內）集中精力與資源投注在最重要的整合議題上。應特別考慮採用併購後加速整合的八〇／二〇策略，即執行方針主要專注在二〇％最重要的整合工作事項，以期聚焦發揮八〇％的整合效益，提升併購案成功的機率。

明基併購西門子手機部門就是一例。明基併購前只看到西門子國際品牌的價值，卻沒有注意西門子手機部門背後的虧損，以及工會造成併購後整合的困難與員工資遣的成本提高。合併後，由於與德國工作文化的衝突、西門子工會強勢、員工不願意加班，導致手機產品上市速度趕不上市場變化，台灣製造部門與德國設計部門整合不順，新品手機系統不穩定等，產生許多併後整合問題。二〇〇六年，手機市占不升反降至二．四％、一年虧損超過三百億元，明基只好向德國慕尼黑地方法院申請無力清償保護，這件以小搏大的併購案最終算是失敗了。

併購後續整合是一門學問，對於併購後的整合，筆者提出以下的四個階段：

下頁表為 Copeland、Koller 和 Murrin 之併購後整合架構。說明了整合的首要步驟是先明白公司的目標與建立公司的預期；再來於整合過程中，進行溝通、規畫與控制；第三步是建立發展策略與基本架構；最後是檢討與修訂營運綜效等組織結構與公司策略。

以兆豐合併的實戰經驗為例，當中國國際商銀與交通銀行合併時，許多顧問公司來提案，最後選擇了麥肯錫顧問公司，該公司以六個月報價一億元承接此案。在決議合併時，立刻成立了專案管理辦公室（project management office, PMO）負責合併後整合事宜，由於兩家皆是官股銀行，為避免爭議，最後由官派董事來遴選合併後各部門的高階主管。合併後的首要任務即是整合兩間銀行的各重疊部門，由於都是官股色彩濃厚的銀行，對於人事處理必須格外小心。所以併後整合的重點將放在各部門的整合與高階

併購後整合的四個階段

STAGE 1 建立公司目標與預期

- 建立移轉機制
- 管理目標公司的預期
- 對高層組織之問題達成協議
- 規畫併購後的首次行動

STAGE 2 溝通、規畫與控制

- 確認重要組成分子
- 在過渡時期達成共識
- 採取必要的控制行動
- 規畫整合過程

STAGE 3 發展策略與基本架構

- 培養挖掘事實的工作能力
- 建立並檢定初次的工作目的
- 以事實為基礎，認識企業系統以及公司在市場之地位
- 確認成長機會以及增強競爭優勢
- 排定優先順序

STAGE 4 修訂組織與策略

- 重新檢討策略，包括預期營運綜效的測試
- 檢討組織的異同點
- 完成策略組織的改造

主管的退場方案，對於未續任主管職的高階主管除了保證薪資、加給、待遇不變之外，職位安排也必須妥善。對於官股銀行而言，雖然是成本較高的方式，但也是官股合併的必要支出。由合併後的結果來看，兆豐至今仍是很有競爭力的官股銀行之一，算是一樁成功的合併案。

併購已成為現代企業全球產業策略布局的重要手段，從過往的成功案例來看，併購確實能為公司帶來價值，然而巨大的潛在併購利益的背後，卻有不容忽視的高度風險，包括收購價格過高、預期效益無法在短期內達成、併購後無法順利整合等原因，經理人在決定併購案之前，應三思而後行。

併購前最重要的是公司的願景，公司為何要進行此併購案？這不能操之過急。進行併購的過程中也必須隨時檢視初衷是否仍存在？是否能對公司產生正向影響？此外，併購所買入的價格與價值不同，經理人應注意買進來的公司或是資產是空有價格，還是真能為公司創造新的價值？併購後是否為公司企業帶來獲利？

緊縮行動

前文討論公司如何透過併購來創造公司價值，比較屬於公司的「擴張活動」；相對於併購活動，公司有時候也會為了提升經營效率、改變公司核心業務活動或者籌集營運資金，選擇「緊縮行動」，包括撤資、分割、清算及股票追蹤等四種方式。

1. 撤資

撤資（**Divestiture**）是指將公司一部分資產、營運或事業部門賣給另一家公司，並取得現金或其他有價證券的行為，將所有權及控制權移轉給接手公司。例如美國IBM出售電腦部門給大陸的聯想電腦、花旗集團出售日本子公司部門日興柯達爾證券（Nikko Cordial）給三井住友金融集團，均屬於此行為。

2. 分割

分割可分為**資產分割**（**Spin-offs**）與**權益分割**（**Equity Carve-out**）兩種。資產分割是指將欲裁撤的營運或事業部門分割出去而成為獨立的公司，然後把新成立公司的股權依原股東的持股比例分配。此一過程並未涉及股權移交協力廠商的情況，原股東將同時持有新舊兩家公司之股票。二〇〇七年明基收購西門子手機事業宣告失敗，便採用此方式，將代工業務留在母公司，更名為佳世達，而將自有品牌業務分割到明基電通，其股權暫時先由佳世達百分之百持有。

權益分割為母公司原先握有子公司百分之百的股權，先將子公司部分股權出售給外部人之行為，好處是可為母公司挹注新資金，而且由於出售的股權比例不高，母公司仍能控制子公司的經營權。因此，權益分割中涉及之股票數額不會超過子公司總股數的二〇%。在美國，用這樣的方式出售少數股權，並不會影響母公司之實際控制權，卻可以基於法規得到免稅交易之效果。麥當勞、溫娣漢堡（Wendy's）等公司均運用過權益分割。

3. 清算

「緊縮行動」的**清算（Liquidation）**與一般公司破產清算不同。當出售資產的價值高於流通在外證券價值的總和時，公司可自願性進行清算並發放清算股利（屬於資本退回之性質）。有些公司面臨被併購的威脅時，也會考慮拍賣重要資產並發放清算股利，以打消併購者的併購念頭。

4. 追蹤股票

追蹤股票（Tracking Stock）是指母公司雖然將子公司分離出去，但是透過發行子公司資產作為標的之特殊股票來追蹤子公司，此類股票將通過權益分割或資產分割的方式流入母公司的股東手中。握有追蹤股票並不代表擁有法律上被追蹤業務資產的獨立所有權，但母公司仍然對於子公司擁有一定控制權，母公司董事會對被追蹤業務及子公司其他業務進行監管。此類股票將使得企業之資本結構變得複雜，子公司與母公司透過追蹤股票，將需要對彼此的債務負責，若其中一方破產，很難去界定子公司資產是否與母公司分離，所以這類資產分離及股票交易方式經常受到質疑。

本章回顧

在本書中反覆強調的一個觀念：**「一個好的公司經營者，除了經營管理的能力，更重要的就是資本配置的能力。」**如果將資本配置發揮到極致，就會導向併購策略的產生。

但為什麼多數公司並不擅長這項強大的策略？原因在於併購的難度。一是挑選適合的公司，二是併購後的整合。首先在挑選公司的時候，如何選取一間價格合理、符合策略目的，同時又能產生綜效的企業，其難度就已經相當高。而在併購後相關制度、人員及文化上的整合又是一個大難題。

一間能接納變動、海納百川的公司，在執行併購策略時更容易成功，而經理人更傾向於利用併購追求公司價值最大化，員工又更適應下一次的併購活動，進而形成正向循環，使公司擁有併購其他公司的文化。筆者認為鴻海企業就是這樣一間公司，藉由不停的併購公司，相關評估併購的機制與技術、後續的整合流程都相當成熟。最著名的案例是在二〇一六年八月十三日以三八八八億日圓取得日商夏普六六%的股權，納為鴻海旗下子公司，成為日本第一家被外資收購的大型電子製造商。夏普的發跡歷史相當輝煌，是日本八大電機製造商之一，一九一二年九月五日創辦人早川德次在東京創立，一九二四年將總部移至大阪至今。二〇〇八年後陷入長期虧損，最終被迫出售公司。然而鴻海買夏普並不簡單。日本企業的特殊文化可謂深根柢固、積習難改，要成功收購夏普本身的難度已經非常大，收購後的整合問題更是難如登天，日系企業先天的優越感常常讓很多外國企業在併購前考慮再三，但鴻海僅用了很短的時間就改變了夏普的體質，背後強大的併購後整合實力令人讚歎。

在本章節的最後，期望透過以下的檢查表，幫助公司的經營者有效地檢視，在公司的日常營運中是否已注意本章所提及的重點，並且提醒經營者在執行併購策略後該注意的事項。

☑ 檢查表 ▌ 併購策略提升公司價值

1. 收購的型態包括哪兩種：
   - ☐ 股權收購
   - ☐ 資產收購

2. 合併的型態有哪四種？
   - ☐ 水平式合併
   - ☐ 垂直式合併
   - ☐ 同源式合併
   - ☐ 複合式合併

3. 併購有哪三項正面影響？
   - ☐ 追求綜效
   - ☐ 租稅考量
   - ☐ 借殼上市

4. 合併前可能出現哪些抗拒方式？
   - ☐ 訂定特殊之公司章程
   - ☐ 毒藥丸

5. 合併時可能出現的抗拒方式有哪些？
   - ☐ 說服公司股東
   - ☐ 買回股票
   - ☐ 提出控訴
   - ☐ 資產重整
   - ☐ 負債重整
   - ☐ 反接收
   - ☐ 白色騎士
   - ☐ 綠色郵件

6. 併購後要注意哪些挑戰與問題：

- ☐ 對併購交易架構不夠了解
- ☐ 併購價格過高
- ☐ 併購後無法順利整合

7. 併購後整合的四個階段分別是：

- ☐ 建立公司目標與預期
- ☐ 溝通、規畫與控制
- ☐ 發展策略與基本架構
- ☐ 修訂組織與策略

8. 緊縮行動的種類有：

- ☐ 撤資
- ☐ 分割
- ☐ 清算
- ☐ 追蹤股票

關於下一章

在本章中一再強調「併購是一種極為高端的財務策略」的觀念，從第一章開始，筆者提出了在日益競爭的商業環境，提升財務力才能綜合的提升企業的競爭力，而其關鍵在於透過財務策略的謀略提升財務力。第二章透過財報分析的架構，提出了維持適當平衡的資產負債表能提升企業的財務力，適當的資產負債表要靠良好的融資策略以及投資策略來達成，而併購則是在這些基礎上靈活運用的策略，因此它更困難、更快速，在策略的角度思考是節省大量極其珍貴的時間。如何成功的執行併購策略呢？站在財務的角度，能否正確的評估企業的價值則是必備能力，因此筆者在第六章給各位讀者企業評價的方法。到了本書尾聲，企業併購可說是財務策略的最高級，但明白了所謂的財務策略後，筆者認為另一部分關於企業營運的思考更是關乎全局，那便是下一章介紹的「公司治理」。

第8章

公司治理——經營的基本功

【案例】東芝假帳事件

二〇一五年七月日本電機大廠東芝（Toshiba）發生了會計做假事件，東芝在過去的六年來虛報財報獲利，從金融海嘯以來公司實際財報虧損，數字灌水高達十二億美元。

東芝是由兩間公司合併而來，分別是重型電機製造為主的「芝浦製作所」，以及消費性電子產品廠「東京電器」。於一九三九年合併後成為「東芝公司」，也形成東芝旗下兩大事業線的主軸。從二〇〇八年金融海嘯開始，大環境不佳下連帶影響東芝出現有史以來最嚴重的虧損，二〇〇九年東芝決定調整營運方向，將重心轉向半導體與核能業務。但是在二〇一一年三月十一日福島發生核災，市場對於核能安全產生疑慮下，反核聲浪四起，使得東芝核電部門營收未能達到原訂一兆日圓的目標，因此下調核電部門的財務目標，但整體企業的營運目標卻未調降，東芝將其他新興事業部門的預期獲利目標提高，以彌補核電部門的短缺，此一做法使得產線經理人與員工因為越來越不切實際的預期目標，開始虛報帳面數字，或是延後認列費用，目的就是為了使當期獲利達到上級要求，終於在二〇一五年爆發了會計假帳醜聞。

此會計做假案經由會長（董事長）成立帶領的獨立調查委員會進行調查，針對二〇〇八年至二〇一四年第三季期間，採用不當的會計手法認列的營業收入與稅前淨利金額，經調查發現主要有四項：

1. 映像事業部門：以集團內的關係人交易虛增營業收入，對於費用認列未採用估計、或是故意遞延認列營業費用。

2. 集團下的長期工程：工程認列採用完工比例法，但對於總工程成本未確切估計下，導致使用此法時會提前認列過多工程收入，或是未認列可能的工程損失。

3. 筆電部門：在採購筆電零組件的會計處理上提高定價，轉而銷售給ODM的廠商，此價格應在跨會計年度時調整而未調整，使得最後因為虛增售價，而在財務報表上產生不實獲利。

4. 半導體事業：由於半導體存貨規格有其時效性，對於已過時無法出售的存貨未進行存貨減損損失，依然掛在帳上，使得存貨以及資產金額虛增。

部分報導將此事件起因歸咎於東芝的企業文化，當公司高層制定不切實際的獲利目標時，員工往往不敢表示反對的意見，這樣的情形可能持續長達三任社長的任期，期間公司向員工施壓必須達到短期獲利目標。調查發現，東芝高階管理階層、社長與副會長（副董事長）對於不當的會計處理行為誇大利潤早已知情，卻沒有採取任何行動加以阻止，認為是連公司高層也默許這樣的情形發生。此事件也引起日本政府的關注，日本時任財務大臣麻生太郎表示，東芝的醜聞顯示了日本公司治理改革的必要性，日本市場投資者與東京證券交易所可能因此對日本企業的公司治理失去信任。

除了東芝以外，日本近年來也越來越多企業爆發造假醜聞，如神戶製鋼、日產汽車、速霸陸、東麗株式會社、三菱綜合材料株式會社等。神戶製鋼生產的產品強度及耐久度未達客戶要求，卻竄改合格數據出貨給客戶；日產汽車及速霸陸則是讓沒有符合原廠規範或無照的員工進行新車出廠的檢查工作；東麗株式會社承認子公司偽造補胎材料的質檢數據；三菱綜合材料株式會社也承認子公司三菱電線工業和三菱伸銅竄改產品的強度數據。這些企業不是檢驗造假就是數據造假，過去力求完美的日本製造已然崩壞。這些醜聞顯示日本企業缺乏完善的公司治理制度，管理階層不擅於對外溝通，企業欠缺透明度，外部人完全不清楚公司內部作為及企業經營理念。若該長期系統性問題無法解決，企業的造假行為仍將持續發生。

何謂公司治理

「公司治理」從字面上的意思可能讓人誤會等於公司管理，實際上公司治理與公司管理的觀點不同。公司治理是從股東的角度出發，以維護股東權益與公司價值為訴求重點；而公司管理是著重在公司營運事務的管理工作。為了維護股東的權益，必須要先設計代表股東的公司董事會結構與機制，而董事會擁有公司經營團隊的任命權，為了使經營團隊領導公司發展，必須妥善制定財務激勵制度，激勵經營團隊與股東利益一致前進。而為了定期檢視公司經營績效，就必須重視公司資訊的透明度以及揭露的即時性，另外與利害關係人也屬於公司治理議題之一。雖然公司治理的層次與方向十分廣泛，沒有任何一個健全的公司治理模式可通行於全世界的所有公司，但依據 OECD 機構相關的研究，大致可歸納出公司治理的五項原則，包括公司應重視股東的權利、公平對待股東、強化利害關係人的角色、資訊充分揭露、董事會的角色等。

資訊不對稱

不同的公司型態會影響公司治理，使公司治理問題浮現的主因是**資訊不對稱**，若公司的股東都等同於經營者時，公司治理問題將簡單許多。但隨著公司型態逐漸走向「資本大眾化」，公司的股東來自於社會大眾各類投資者，股東數量越來越多，不可能所有

公司治理的五項原則

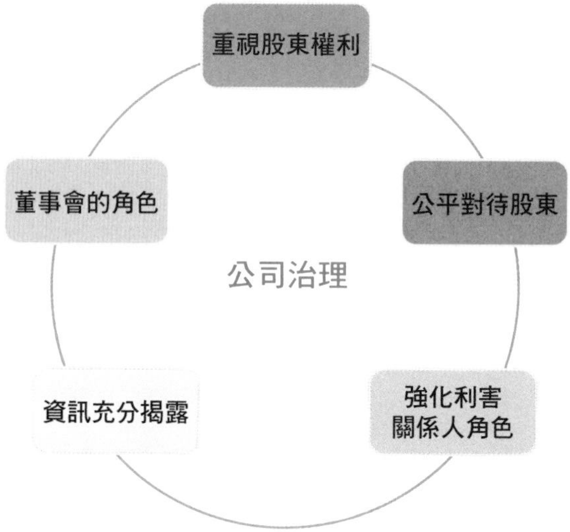

股東都參與經營。因此在「所有權」與「經營權」逐漸分離之下，所有權轉交到股東所認可的經營團隊手中。

從資訊不對稱的角度來看，不管是公司的股東、利害關係人（包含債權人、員工、供應商、政府等）都不能完全掌握公司經營團隊的動態，因為無法觀察到每個公司的決策過程。所以經營團隊必須要以公司治理制度加以規範，使得公司的營運狀態有效率，確保公司在產業的競爭力。藉由完善的公司治理也可以取得股東與利害關係人的信任與支持，也因為公司治理確保了股東的權益與公司價值，進而增進投資者的投資意願，使公司擁有足夠的資金來源與合理的資金成本。

代理問題

在談到公司治理時，最常發生的就是**代理問題**。代理問題發生在公司的所有權與經營權分離的狀況下，經營者掌握公司營運的優勢資訊，而所有權者在資訊不對稱下，權益受到損害。例如，所有權者無法確定經營者是否有妥善的分配公司資源，或確保經營者將公司利潤分享與所有權者。

試想，在台灣你可以透過證券市場購買任何一間公司的股票，但是能夠實際參與公司的經營嗎？對於大部分的小股東甚至是散戶而言是很難的，尤其在上市櫃公司，其資本經由大眾化的過程在市場上流通交易，股東人數眾多，甲乙丙丁都可能是股東，但甲是買低賣高的投資客、乙是想每年收取穩定配股配息的退休族，並不是每位股東都有意願與能力參與公司經營決策。這時候必須由所有的股東選出專業代理人，這樣的代理人即為公司的董事會，再由董事會去任命遴選管理團隊，因此公司董事是「代理」股東執行實際的行政及管理決策。但是如果遇到重大議題如公司被併購、或是宣告解散等狀況，仍需要所有的股東召開「股東會」來決議。所以在公司當中，管理團隊如總經理等，都是受到股東授權，以運用公司資本為股東創造利益，當股東利益無法透過這樣的機制得到彰顯時，代理問題即產生。

公司治理與公司生命週期

由於公司治理代表了公司對於其所有權人——股東的責任，尤其是對提供資金的股東，完善的公司治理可以減少公司以及籌資者的風險。若從公司的生命週期加以考慮，不同的生命週期中，公司的股權型態可能不同，籌資方式不同，也會有不同的債權人，這些因素在考慮公司治理的制度設計時都需要納入考慮。

公司的型態

依資金來源的不同，公司的型態可分為以下幾種：

1. 獨資

在獨資狀態下，公司管理與策略方向都是由獨資的事業主所決定，在公司領導者即為出資者的狀況下，公司治理相對來說較簡單。公司最重要內控機制是確認營運上每一筆收支清楚，交易單據妥善保存。隨著事業漸漸成長，人員增加編制後，要開始確認員工行為是否按部就班，而此時期的公司也需要有回報盈餘、現金、收支平衡狀況的機制。

2.合夥

合夥狀態下內部控制重點如同獨資時期，不同的是公司管理與策略方向須要經由所有合夥人討論決議。在此型態下，隨著公司規模擴張會開始產生代理問題。在合夥制度下，較常接觸日常營運的合夥人會較其他合夥人擁有較多的公司營運資訊，因此可能會開始產生代理問題。

3.股份有限公司

與合夥型態相同，當公司轉為股份有限公司型態時，會有一名或數名股東擔任董事的角色，為公司管理與營運策略做出決策，若身為公司營運者的股東有較多的資訊，對於其他股東而言，就可能會有代理問題。台灣許多中小企業的股東可能是家族親友，對於不涉入營運僅出資的股東與管理者之間，也可能有代理問題。然而，依照股東與管理者之間彼此熟識程度，也有可能使代理問題減少。

在內部控制上，此型態的公司需要清楚的權責劃分、正式的內控以及風險管理的系統，隨著規模增擴張，內控制度將越來越重要。且外部股東（相對於有涉入經營的股東）為了維護自己的權益，將會要求公司建立內部審計功能，同時也會開始要求公司定期揭露資訊給股東，尤其是財務報表資訊，甚至有些公司會設立投資者關係部門，以回答投資人與市場上分析師對於公司營運狀況的合理質疑。

股份有限公司必須開始接受外部審計，隨著公司規模、產業、經營型態不同，需要受到的外部審計規範也會不同。若公司有其他外部股東，亦有可能會要求公司必須有外部審計的制度，做為維護其權益的方式。

4.公開發行（上市）公司

若以台灣為例，公開發行、興櫃、上櫃、上市之公司股票發行後，在市場上可自由交易流通，所以公司股東可能是市場上任意投資者；外部股東可能包含機構投資者、公司戶、散戶等，股東的歧異性大。此型態的公司由於所有權與經營權分離，所以最容易產生代理問題。內控制度則與前述股份有限公司型態（未公開發行）雷同。但是在資訊揭露上，公開發行公司依照主管機關規定必須要定期揭露公司營運狀況，包含財務資訊與非財務資訊的重大訊息。而且為了符合證券主管機關的規定，必須定期接受外部審計，由合格會計師進行每一期查帳、簽證，並製作公司報表後公布給投資大眾。

實務上，此一型態的公司在管理決策方面會有些不同，像是家族企業可能會以家族人士管理公司，也會有其他公司採取專業經理人制度，將公司交由專業經理人管理，並維持其決策獨立於股東之外（但實務上仍有傾向某方股東的可能）。而股東會推選董事組成公司的董事會，董事會的運作必須遵循公司法規範。

以上幾種公司型態代表公司不同的資本來源，而不管是股東、投資者或是債權人，公司所能取得的資金成本反映了這些資金提供者所涉入的風險大小。我們可以發現隨著公司成長，公司經營權與所有權分離的型態越容易產生代理問題。然而，藉由完善的公司治理制度與規畫所提供「監視」或「控制」的功能，可以幫助出資者降低部分風險。控制包含了公司資訊的揭露，讓股東們了解公司管理者績效表現，也能防止管理階層做出不利股東權益的決策。

少數股權權益與債權人

少數股權指的是相較於大股東，對於大股東擁有控制權（一般認為股權五％以上）或是擁有的投票權足以讓管理者注意其意見。若公司股權十分分散，無擁有控制權的股東與大股東，則經理人就更容易為所欲為。此時股東們需要團結來防止經理人做出損人利己的決策，例如：增加公司為個人薪酬的支出、拒絕「短空長多」的投資計畫。除此之外，也有可能大股東藉由擁有較多控制權而致使公司做出對自己有益、但是對小股東有害的決策。

當股東持有公司股票時，代表股東持有相對等的公司資產與股利分配的權利。但在股東之中可能會出現大股東，擁有相對較多的控制權。但有時大股東可以憑藉著不需持有實際絕對多數的股權，卻能夠把持公司，藉由把公司營運與財務的政策塑造成對「擁有控制權股東」有利的情勢，使其投票權所能控制的利益遠遠大於其實際持股份額，甚至有可能做出掏空（Tunneling）公司資金的行為，例如藉由出售在其所擁有控制權的公司裡被低估的資產，轉移到自身所持有公司的名下，或是藉由涉入較高的風險決策或投資計畫，提高所有股東涉入的風險程度以及讓公司的資金成本上升，目的在於提高公司股價，接著再將持有的股票高價賣出。此時少數股權的股東則深受其害。

對於少數股權來說，為了減少風險，公司治理應設計為：

①在投票權方面：所有股東皆擁有投票權，包含對於董事的任命與辭退，且投票程序應簡便，以利股東投票。相反地，當投票制度設計成限制特定股權才有較高的投票權或是投票份額時，對少數股權的權益不利。

②在公司章程規範上，可載明當少數股權要反對大股東或是經理人的提案，甚至是公司被接管時，都有規範或是機制保障少數股權的意見或權益。

③防止內線交易的規範。

④在董監事組成上，派任獨立董事或監察人進入董事會。

⑤在資訊揭露除了財務資訊外，非財務資訊的揭露，如關係人交易也應該被揭露。

對於債權人來說，與公司之間存在的是「風險與報酬」的關係，例如高風險高報酬。同樣的，若債權人面對公司的風險降低，則代表債權人所要求的報酬亦會降低，亦即公司的舉債資金成本降低。對於債權人而言，若公司治理的機制能給予債權人在債務違約時，有較為寬鬆的收回擔保品，或是能夠保障債權人對於擔保品的求償權利，此時債權人所面臨的風險將會降低。相反地，若公司在制定破產規範時，不是將公司資產的控制權交由債權人管理，而是讓經營者保有公司資產以對抗債權人求償，或是債權人擁有的求償權順位居後，將使得債權人面臨的風險提高。

獨立董事制度

在企業經營權及所有權分離的情況下，如何提升董事會的職能一直是備受重視的課題。提升董事會職能可以有效促進公司治理，對企業經營進行有效的監督，落實法令遵循及避免利益衝突。為了強化公司治理，政府積極推動獨立董事制度，上市（櫃）公司董事會須設置不少於二人、且不得少於董事席次五分之一的獨立董事，同時要求資本額超過二十億元者，須設置完全由獨立董事組成的審計委員會來代替監察人的功能，委員會人數不得少於三人。獨立董事應具備專業知識，其持股及兼職應予限制，且於執行業務範圍內應保持獨立性，不得與公司有直接或間接之利害關係。在應提董事會決議通過事項中，獨立董事如有反對意見或保留意見，應於董事會議事錄載明。

近年來國內陸續爆發樂陞坑殺散戶投資人、復興航空無預警停飛解散、富驛酒店經營權之爭等事件，讓人質疑這些公司的獨立董事未能發揮功能。由於目前獨立董事大都由公司董事會提名，其當選與否仍需要大股東的支持，在這種情況下，不禁讓人質疑是否能保持獨立性；另外，現在很多公司的獨立董事來自於退休政府官員，也令人質疑這些獨立董事是否為公司門神、橡皮圖章、肥貓等酬庸工具。為強化獨立董事功能，金管會採取以下三項措施：①公司提名連續任期已達三任之獨立董事時，應公告並說明理由；②要求至少一位獨立董事應親自出席董事會；③審計委員會開會過程應全程錄影或錄音。此外，證券交易法也將翻修強化獨立董事職權，如公司或董事會其他成員，不得妨礙、拒絕或規避獨立董事執行職務；獨立董事執行職務認有必要時，得要求董事會指派相關人員或自行聘請專家協助辦理，並由公司負擔必要的聘任費用。換句話說，獨立董事擁有調查權，更能強化其功能。

由於國內之前許多公司弊案均牽涉到獨立董事的責任，導致很多公司的獨立董事開始懂得「明哲保身」。近期獨立董事對公司重大議案投下反對票的案例逐漸增多，有些甚至辭去獨立董事的職務。根據統計，二〇一四年至二〇一七年上半年，共有二七二位獨立董事辭任，且有逐年增加的趨勢，這顯示國內獨立董事制度需要檢討了。

財務激勵制度

在公司治理的架構下，如何提供誘因讓經理人及各利害關係人能夠竭盡心力對公司做出最大的貢獻，乃是董事會的職責之一。實務上常見的財務激勵制度可分為以下七類：

1.獎金計畫（Bonus Plans）

公司定期按員工的績效高低，額外支付員工的報酬，藉以提高員工的士氣與工作投入，發放形式以現金或股票為主。公司通常以每股盈餘（EPS）等會計指標來決定獎金發放的標準，惟使用會計指標易使經理人「短視近利」並忽視長期才能顯現績效的策略性決策（如進行技術開發等早期需大量資金投入、數年後才能回收的投資），同時這些會計指標也容易受到經理人的操縱而使績效失真，讓原本提供誘因、促使經理人積極付出更多努力的美意失效。因此，在績效指標的選擇上，應盡量選用較能兼顧公司長短期目標的各類指標（不一定是財務性指標），並施以適當程度的監督與內部控制，以防範獎金計畫可能帶來的副作用。

2.股票認購權計畫（Stock Option Plans）

管理者得以在未來特定期間，依約定價格認購一定數額之股票。採用此計畫的基本理由，無非是希望藉此結合經理人與股東的角色，以鼓勵高階管理者致力於期末公司市價之提高，獲得最大的報酬。此法乃假設經理人會因此而致力於「長期績效」的追求，而非僅著眼於短期利潤。但此法缺點在於可能產生道德危險（Moral Hazard）的問題：經理人轉向追逐、塑造使股票價格上漲的利多因素，但未必有利於公司的長期營運。例如經理人可能擴大財務槓桿的使用，力求短期內股東權益報酬率的成長，將舉債空間縮小的負面影響遞延到未來，反而影響到公司的長期經營效率。

3.股票增值權（Stock Appreciation Rights）

通常與認購權配合使用，其中股票增值權不須實際購買股票，經理人直接就期末公司股票增值部分（＝期末股票市價－約定價格）得到一筆報酬。由於經理人並未實際購買股票，故可避免「避險行為」的發生。「避險行為」是所有與股票有關之財務激勵制度的缺點，當高階管理者實際擁有更多公司股票後，為保護自己的資本投資，將傾向於規避更多風險，使公司喪失許多可獲利的投資機會。與股票認購權相同的是，經理人仍可能汲汲於股價炒作，而忽略管理上應注意的其他工作，如與員工溝通、觀察顧客偏好的改變、長期市場策略規畫等。

4.虛股計畫（Phantom Stock Plans）

「**虛股**」指的是虛構的股數，與相當於和期末市價（或期末市價增值）相乘後的現金，支付給員工做為報酬。由於虛股計畫的報酬多寡需視期末股票價格而定，故仍具有以股價決定經理人報酬的優缺點。優點在於不須事先設定具體衡量標準，且股價變動清楚而易於計算，因此在決定薪酬多寡時十分簡便；其缺點則為若僅以股價衡量經理人績效，同樣會忽略其他亦可衡量的因素。

5.股利計畫（Dividend Plans）

在期初時決定各經理人所能獲取的基本數，以此和期末每股股利相乘做為經理人的獎酬。然其缺點為股票殖利率的高低僅為盈餘分配的結果，並不能反映經理人的經營績效；其次，經理人同樣可能會致力於股票殖利率的提高，而犧牲公司利益。不過此法倒可適用於股票未上市的公司。

6.限制型股票

當員工留在公司服務超過一特定期間時，公司即將特定數量的普通股給予員工。為符合國際潮流、保護股東權益，台灣已於二〇一一年引進「**限制型股票**」，以做為員工獎勵或留才的措施，共同創造公司及股東之利益，謀求公司治理制度的長遠發展。

在國內，限制型股票的發放對象以公司員工為限，可折價發行供員工認購或無償配發給員工，實際可認購之員工及認購數量，將參考年資、職等、工作績效、整體貢獻、特殊功績或其他管理上所需之條件，由董事長核定，提報董事會同意。且附有服務條件或績效條件等既得條件，亦即於既得條件達成前，其處置股份權利的方式受到限制，如不得出售、質押、轉讓、贈與他人、設定負擔，或做其他方式之處分，其他權利則與公司普通股股份相同；若員工未達既得條件時，公司得依發行辦法之約定收回或收買已發行之限制型股票。

7.績效計畫

指具三項特徵的財務激勵制度：①激勵性報酬與未來公司目標連結，而非過去績效；②績效評估期跨越數年而非僅有一年；③激勵性報酬之支付通常會遞延數個評估期。換言之，績效計畫乃是著重以長期績效為獎賞標準，如三至五年的盈餘目標；一旦達成，即給予經理人股票或現金。常用的標準包括長期每股盈餘（EPS）、股東權益報酬率（ROE）或資產報酬率（ROA）等財務性目標。

七種財務激勵制度

財務激勵制度	說明
獎金計畫	公司定期按員工的績效高低，額外支付員工的報酬，藉此提高員工的士氣與工作投入，發放形式以現金或股票為主。
股票認購權計畫	管理者得以在未來特定期間，依約定價格認購一定數額之股票。
股票增值權	通常與認購權配合使用，其中股票增值權不須實際購買股票，經理人直接就期末公司股票增值部分（＝期末股票市價－約定價格）得到一筆報酬。
虛股計畫	「虛股」指的是虛構的股數，並以相當於和期末市價（或期末市價增值）乘積的現金，支付給員工做為報酬。
股利計畫	在期初時決定各經理人所能獲取的基本數，以此和期末每股股利之乘積做為經理人的獎酬。
限制型股票	當員工留在公司服務超過一特定期間時，公司即將特定數量的普通股給予員工，附有服務條件或績效條件等既得條件，於既得條件達成前，其股份權利受限制。
績效計畫	指具三項特徵的財務激勵制度：①激勵性報酬與未來公司目標連結，而非過去績效；②績效評估期跨越數年而非一年；③激勵性報酬之支付通常會遞延數個評估期。

董監事會之股權規畫

在公司治理中最重要的一環即是董事會的運作。股東大會選出各席次董事，再由董事組成董事會，並負責制定公司長期發展策略、監督營運績效、防止利益衝突產生、確保公司依循相關法令，此外對於未進入董事會的股東們，董事會也必須確保股東權益受到尊重、公平的對待，對於利害關係人亦是如此，並確認公司資訊有充分揭露。

本書將重點放在策略面的探討，董事會做為公司的最高決策機構，對應監事會是最高控制機構，董監事會的運作將對公司營運產生重大影響。在公司不斷對外增資下，股權不斷增加、股權逐漸分散，董監事的股份也將逐漸被稀釋，若董監事想憑藉持有相對少數股份保住董事席次，將變得相對困難。穩定的董事會有助於公司營運與發展業務，尤其是近來併購風潮漸盛，為了避免經營權外落或是公司政策發展受到干擾，董監事會在股權規畫上「增加本身持有股權」以及「所能影響的股權」就十分的重要，也成了近來的重要公司治理議題。透過增加所能影響的股權，就能讓現有董事在持有相對少股份的狀況下繼續保有公司控制權。以下將介紹一些常用的策略：

1. 關係企業持股

對股東而言，持有股權多代表擁有較大的控制權，但相對的持股成本也會提高，投入太多資金在持有股權上，將不利股東的財務操作。此時，一些公司會選擇透過關係企業持股來達到相同控制權的效果，既可以達到降低股東個人持有的成本，又可以透過股東、被投資公司與關係企業之間交叉持股形式，達到股權槓桿的乘數效果。這樣的策略源頭必須要考慮到股東對於關係企業的實質控制能力，以及關係企業持有股份時，必須負擔的持股成本和資金調度能力，是否足以支應持股。

例如國內橫跨各經營產業的遠東集團，便是透過集團底下的關係企業與設立財團法人交叉持股，利用此策略掌握近二百五十家關係企業，總資產超過一・五兆元。創辦人徐氏家族更是透過集團下八家上市公司交叉持股穩固經營權。在二〇一五年，集團底下八家上市公司的股權結構，大約四成為關係企業持股。交叉持股狀況整理如下頁表。

2.員工認股

為了讓員工與公司的目標一致，為了提升公司價值而努力，公司通常會採用員工認股計畫，使員工的利益（股票價值成長）與公司的利益（公司成長）相結合，另外還能夠加強員工向心力。且公司透過掌握員工持股的票源，有助於維持自身可影響的股權。在實務上，公司供員工認股的股票來源，可透過員工從集中市場買入或是由其他股東購入，還有以原有股東身分認購增資時的股票。而為了鼓勵員工認股，公司通常會進行部分補貼。再來，公司在現金增資時也可以選擇保留部分新股不對外發行，而留給員工認

遠東集團交叉持股狀況*

公司	最大股東	其他關係企業大股東	合計持股
遠東新	亞泥	亞東技術學院、徐元智醫藥基金會、徐元智紀念基金會、元智大學與德勤投資	39.46%
亞泥	遠東新	徐元智醫藥基金會、遠百、遠東新職工退休基金管委會、元智大學及裕元投資（亞泥、裕民及遠鼎投資合資成立的公司）	33.73%
裕民	亞泥	裕元等四家投資公司	41.88%
遠傳	遠鼎投資（遠東新子公司）	遠通投資及安和製衣等公司	37.06%

股。或是以發行新股的方式當作員工的紅利。早期台灣高科技產業即以員工認股的方式，在景氣低迷時激勵員工，像是半導體製造商世界先進、旺宏電子、華邦等。時至今日，員工認股已普遍存在於台灣各大企業中。

3.同業結盟

對於公司來說，股權是在進行各項市場交易時最佳的籌碼，尤其在進行策略聯盟時，透過公司彼此之間的股權交換結盟，各自取得所需之技術，而透過聯盟成員的持股，也能增加自身對公司的控制權。例如在二〇一六年五月，IC設計大廠聯發科與北京四維圖新簽訂策略合作與框架協議，四維圖新收購聯發科中國轉投

＊資料來源：公開資訊觀測站 http://www.wealth.com.tw/article_in.aspx?nid=5796

資之傑發科技，金額約六億美元，同時聯發科擬以不超過美金一億元的投資或合資，與四維圖新策略結盟，除了攜手拓展車用電子及車聯網市場的營運策略外，由於ＩＣ設計廠併購趨勢，此舉也有助聯發科維持對中國轉投資公司的股權。

4. 維持與機構投資人密切關係

許多上市櫃公司，其背後的股東不乏如基金公司、商業銀行、外資等機構投資人，這些機構投資人手握大筆資金，能夠投入買賣公司股票的額度也遠高於一般投資人，許多上市櫃公司的前十大股東是機構投資人或是法人股東，其持有的股權有相當大的影響力，但這些法人股東大多為了報酬率投資，在公司穩健發展時，不一定會干涉董事會運作。所以公司董事會為了穩定公司經營權，通常會與這些機構投資人維持良好關係，尤其對於股權較為分散的公司，其中機構投資人的意向將動見觀瞻，因此維持與機構投資人關係更顯得重要。例如在先前提及的日月光併矽品一案，由於矽品現有董事持有公司股份並不高，所以當日月光開出的收購價格被身為大股東的機構投資人認同時，其看法傾向於不支持現有矽品董事會抵禦收購的決定，也成為了矽品後來必須與日月光坐下商議的壓力之一。

科技新創公司的雙層股權結構

蘋果電腦創辦人賈伯斯（Steve Jobs）最為人所知的故事就是，在他創立蘋果電腦並且成功讓蘋果產品大賣，進而將公司推向上市後，卻因為行事作風太過強硬，權力被蘋果董事會架空，最後離開他所一手創立的蘋果電腦自立門戶。但後來賈伯斯創立的 NeXT 被蘋果電腦買下後，他藉此再一次重回蘋果。賈伯斯重返後振興蘋果，最後賈伯斯再度成為了蘋果電腦的董事長與執行長。雖然事後賈伯斯曾在演講中提到這個過程對他的重要性，但不是每一位公司的創辦人都有如同賈伯斯一般的因緣。在科技業當中，有許多科技公司創辦人（或者創業團隊），公司不斷成長擴大規模，並且走向大眾募資市場上市時，都會考慮自身的股權是否會被稀釋。一般而言在「一股一票」的制度下，新創公司為了不斷成長，通常會經過幾輪的股權融資，以公司的股票做為交換募集資金，因為股權不斷的膨脹，一般在幾次的股權融資後，創業團隊所擁有的控制權會被大大的削弱。但自從 Google 開始使用**「雙層股權結構」（dual-class stock structure）**後，後來的科技新創公司紛紛效法，臉書（Facebook）就是一個例子。在中國大陸，也有很多科技新創公司使用「雙層股權結構」，如京東、陌陌、小米等，而阿里巴巴則是採取類似雙層股權結構的合夥人制度。

Google 與 Facebook 的比較

持有者的比較	Google	Facebook
B股	共同創辦人與CEO	創辦人與上市前持有的投資人
A股	上市前的投資人 上市後的流通股票	上市後的流通股票

Google 採用的雙層股權結構

Google在上市前引入A、B股制度，在雙層股權制度下，將股票分為A股與B股，公司上市對大眾市場發行的是普通股A股，一股A股擁有一票的投票權，普通股B股為創始人或高階管理人所持有，在Google的例子中為佩吉、布林以及行政總裁擁有B股，因為一股B股擁有十票的投票權，原本共有七成以上投票權。用這樣的方式讓特定股東（如創辦人團隊）擁有對公司足夠的控制權，進而可以控制公司決策。

臉書的雙層股權結構

臉書在二〇〇九年宣布調整公司股權結構，採用雙層股權制度，將股份分為A、B股，A、B股在股利分配、每股淨值完全相同，只差在投票權不同。在調整後，所有先前向市場發售的股票皆屬於A股；臉書上市後，這些股票將轉換成B股，一股B股擁有十票投票權。同時臉書初次公開發行（IPO）的股票皆屬於A股，一股A股擁有一票投票權，公開市場的投資人將無法取得B股。在臉書二〇一一年公開說明書揭露，臉書上市前發行了一・一七億的A股和一七・五九億的B股，而臉書創辦人馬克・祖克柏（Mark Zuckerberg）擁有五・三億的B股，占B股總數約二八・四%。這樣的比例聽來不高，那為何祖克柏可以取得臉書控制權呢？是因為臉書除了雙層股權制度，還加入了一個表決權協議（voting agreement），在先前十次的增資案中，參與增資的機構投資人與個人投資人都需要簽訂這份協議，同意在特定情況下授權祖克柏代表這些股東進行投票，如此一來祖克柏即擁有了一股多票的權利，在這個協議之下祖克柏擁有約五八・九%的投票權，可以完全控制臉書的各項決議。截至二〇一六年六月二日為止，祖克柏擁有四百萬A股以及四・一九億B股股份，擁有公司在外流通股票價值僅一四・八%，但祖克柏所擁有的投票權卻高達五三・八%。

臉書針對上市前的投資者也可以擁有B股，使得B股不只是集中在創辦人手上，有助於這些機構投資人減少代理問題的疑慮。取而代之的是採用表決權代理的協議，讓創辦人擁有足夠控制權，同時避免了B股過度集中於特定持有者。

從公司治理的角度來看，由於持有B股的創辦人身兼管理階層，A、B股結構將使管理者擁有對公司絕對的控制權，權力甚至會高於董事會，可能會產生管理者濫用投票權的情形；此外，市場上對於雙層股權尚有對相關股權資訊不透明的疑慮，會使得市場投資者對公司信心不足。但回顧成功實行雙層股權制度的公司，多半擁有高未來成長前景以及高報酬，以彌補股東損失平等投票權利。另外，這些公司的創辦人與公司有強烈的連結。在賈伯斯初次離開蘋果電腦後，蘋果電腦節節敗退，直到賈伯斯再重新職掌才有了起色。同樣地，股東之所以在雙層股權下還願意投資這些公司，看中的就是在這些創辦人的領導下，會不斷為公司創造新的價值成長，也為公司帶來較為穩定以及決策獨立的環境

阿里巴巴的合夥人制度

二〇一四年九月十九日，中國大陸電子商務巨擘——阿里巴巴在紐約證券交易所掛牌上市，每股掛牌價六十八美元，可籌措到二一八億美元的資金，成為美國史上最大規模的ＩＰＯ案，同時也躋身全球市值最高的網路零售商。阿里巴巴原先是希望能在香港ＩＰＯ，但當時的香港交易所認為阿里巴巴特有的「合夥人制度」違反「同股同權」的原則，因此改赴上市彈性較高的美國。阿里巴巴的「合夥人制度」採同股不同權的概念，只有合夥人能擁有對公司絕對的控制權，不受股權多少影響，無論外部股東握有多少股權也都無法干預公司的經營。截至二〇一七年六月九日，阿里巴巴的股權結構為：第一大股東軟銀持股二九．二％，第二大股東雅虎持股一五％，第三大股東馬雲持股七％，蔡崇信持股二．五％，其他管理階層共持股一〇．六％。兩位永久合夥人馬雲和蔡崇信僅持股不到一〇％，卻擁有對公司的控制權，其原因在於阿里巴巴的合

夥人具有簡單多數董事的提名權，與股份無關。而軟銀在持股達一五％以上的情況下，僅擁有一席董事提名權，經提名後的董事候選人須經股東大會過半數通過。如果合夥人提名的董事候選人未獲股東大會選舉通過，阿里巴巴有權任命另一人為臨時董事，直到下屆股東大會召開。阿里巴巴與軟銀和雅虎還簽署了一項投票協議，兩者同意在每年股東大會中投票贊成阿里巴巴合夥人提名的董事候選人。此外，為了確保合夥人的權力，阿里巴巴還規定如果要修改章程中有關合夥人提名權等條款，必須獲得出席股東大會的股東九五％以上表決同意才可通過。

阿里巴巴的合夥人制度，以及棄港赴美上市引起市場廣泛的討論。有一派認為阿里巴巴的合夥人制度與公司治理所秉持之「公平對待每一位股東」的原則相違悖，且容易產生代理問題。但有一派卻不這麼認為，只要監理機關或交易所落實資訊揭露的機制，投資人選擇這類同股不同權的公司股票，即須為自己的投資決策負責，如此投資人將保有更彈性的選擇空間。此外對阿里巴巴創辦人馬雲而言，採用此制度才能鞏固公司經營團隊的控制權與經營理念，不會因為股票上市而受到威脅及挑戰，馬雲堅持認為合夥人制度是阿里巴巴能夠成功的創新管理制度。

為了順應世界潮流，原本反對「同股不同權」的香港交易所於二〇一七年底也公布允許新創公司採取雙重股權結構申請在港IPO，以彌補二〇一四年失去阿里巴巴的缺憾，同時也希望吸引更多具有成長潛力的新創公司到香港掛牌上市，讓香港交易所

巴菲特的公司治理理念

股神巴菲特的投資績效有目共睹，其在公司治理上也有自己一套的想法，認為公司治理的架構應隨著不同公司而調整；例如是否有足以控制公司的大股東，而這些股東是否有參與公司的管理。在股東權益方面，巴菲特非常強調同股同權的重要性，若採取同股不同權的方式，公司管理階層的決策可能會損害小股東的權益。另外，巴菲特視公司（即波克夏）股東為事業主或投資夥伴，且公司的董事也大多數將個人財富投資在公司上，董事和股東同在一條船上，若公司經營不善，管理階層也將自食其果。

在董事選任方面，巴菲特認為擔任公司董事（含獨立董事）所需要的特質有下列幾項：①要能獨立自主，執行職務時須展現獨立思考的能力，勇於表達自己的意見，不至於成為橡皮圖章；②應有商業頭腦或智慧，對商業運作應有相當程度的實務經驗，如此才能有效監督企業的經營；③對公司及所處產業感興趣，主動參與，而非抱持應付公司的態度；④以股東為導向，充分顧及小股東應有的權益。若董事或獨立董事具有上述特質，將能有效提高公司董事會的決策品質。巴菲特認為主管機關應限縮獨立董事的定義，否則很多公司的獨立董事都僅僅是橡皮圖章，無法真正發揮監督的功能。

在透明度方面，巴菲特非常重視與股東的溝通，每年都會寫一封信給公司股東，在信中清楚描述公司主要事業群的運作以及公司的經營原則，有時也會將自己犯過的錯誤寫入信中。如今「巴菲特致股東的信」不僅是波克夏股東的信，也是世人想了解巴菲特投資哲學最直接的參考讀物了。

重回全球最大ＩＰＯ市場。此開放措施剛公布不久，便傳出小米有意赴港ＩＰＯ，並已於二〇一八年順利成功掛牌，相信許多新創公司也會陸續跟進。

本章回顧

若以武俠小說的內外功來看，任何能直接激勵影響公司股價的行為是「外功」，那麼公司治理則屬於一種「內功」，其主要影響的是公司企業的結構與制度，但不代表公司治理無法影響股價。如同內外功需要相輔相成，公司治理的好壞將決定公司是否能在一個穩定的基礎上發展成長，最終會反映在財務數字與股價表現上。而對於投資人或債權人來說，其所面對的投資、債務風險，一部分來自於公司是否能穩定發展及營運，面臨的風險大小決定了投資人、債權人預期的報酬率、利率，也將影響公司的資金成本，使得公司治理對於公司價值的提升、抑或是成本的降低，有更重要的功能存在。

最後透過以下的檢查表幫助公司的經營者，掌握公司在不同生命週期時，執行公司治理時應把握的原則，以及可能遇到的主要問題。

☑ 檢查表 ▌公司治理

1. 公司治理的五項原則分別是：
   - ☐ 重視股東的權利
   - ☐ 公平對待股東
   - ☐ 強化利害關係人的角色
   - ☐ 資訊充分揭露
   - ☐ 董事會的角色

2. 影響公司治理的兩個問題是：
   - ☐ 資訊不對稱
   - ☐ 代理問題

3. 公司的型態可依資金來源分為下列幾種：
   - ☐ 獨資
   - ☐ 合夥
   - ☐ 股份有限公司
   - ☐ 公開發行公司

4. 對於少數股權來說，為了減少風險，公司治理應設計為：
   - ☐ 投票權：所有股東皆擁有投票權，且投票程序應簡便，以利股東進行投票
   - ☐ 公司章程規範：當少數股權要反對大股東或是經理人的提案，有規範或機制保障少數股權的意見或權益
   - ☐ 防止內線交易
   - ☐ 董監事組成：派任獨立董事或監察人
   - ☐ 資訊揭露：除財務資訊外，非財務資訊，如關係人交易也應被揭露

5. 可強化獨立董事功能的措施與法規有以下幾種：

- ☐ 公司提名連續任期已達三任之獨立董事時，應公告並說明理由
- ☐ 要求至少一位獨立董事應親自出席董事會
- ☐ 審計委員會開會過程應全程錄影或錄音
- ☐ 公司或董事會其他成員，不得妨礙、拒絕或規避獨立董事執行職務
- ☐ 獨立董事執行職務認有必要時，得要求董事會指派相關人員或自行聘請專家協助辦理，並由公司負擔必要的聘任費用

6. 財務激勵制度可分為七類：

- ☐ 獎金計畫
- ☐ 股票認購權計畫
- ☐ 股票增值權
- ☐ 虛股計畫
- ☐ 股利計畫
- ☐ 限制型股票
- ☐ 績效計畫

7. 董事會在持有相對少股份的狀況下，繼續保有公司控制權的常用策略有哪些？

- ☐ 關係企業持股
- ☐ 員工認股
- ☐ 同業結盟
- ☐ 維持與機構投資人密切關係

附錄

財務報表範例

台積電資產負債表（簡式）*

（單位：億元）

	2017年		2016年	
	金額	百分比	金額	百分比
流動資產合計	8,572	43	8,177	43.3
基金及投資合計	415.7	2.09	461.5	2.45
固定資產合計	10,625	53.3	9,978	52.9
無形資產合計	141.8	0.71	146.1	0.77
遞延所得稅資產	121.1	0.61	82.71	0.44
其他資產合計	42.67	0.21	19.08	0.1
資產總額	19,919	100	18,865	100
流動負債合計	3,587	18	3,182	16.9
長期負債合計	918	4.61	1,531	8.12
各項營業及負債準備合計	-	-	-	-
遞延所得稅負債	3.02	0.02	1.41	0.01
其他負債合計	182.9	0.92	249.1	1.32
負債總額	4,691	23.6	4,964	26.3
股本合計	2,593	13	2,593	13.7
資本公積合計	563.1	2.83	562.7	2.98
保留盈餘合計	12,334	61.9	10,720	56.8
股東權益其他調整項目合計	-269.2	-1.35	16.64	0.09
母公司股東權益	15,221	76.4	13,892	73.6
少數股權	-	-	-	-
非控制權益	7.02	0.04	8.03	0.04
股東權益總額	15,228	76.4	13,901	73.7

＊讀者欲查詢公司最新財務報表，請造訪公開資訊觀測站：http://mops.twse.com.tw

台積電損益表（簡式）

（單位：億元）

	2017年		2016年	
	金額	百分比	金額	百分比
營業收入	9,774	100	9,479	100
營業成本	4,826	49.4	4,731	49.9
營業毛利	4,948	50.6	4,749	50.1
營業費用	1,079	11	969	10.2
其他收益及費損合計	-13.66	-0.14	0.3	0
營業利益	3,856	39.4	3,780	39.9
業外收入合計	-	-	-	-
業外支出合計	-	-	-	-
業外損益合計	105.7	1.08	80.02	0.84
稅前淨利	3,961	40.5	3,860	40.7
所得稅費用	529.9	5.42	516.2	5.45
繼續營業單位稅後損益	3,431	35.1	3,343	35.3
合併稅後淨利	3,431	35.1	3,343	35.3
歸屬於非控制權益之淨利	0.35	0	0.91	0.01
稅後淨利	3,431	35.1	3,342	35.3
綜合損益	3,143	32.2	3,233	34.1
綜合損益－歸屬於母公司	3,143	32.2	3,232	34.1
綜合損益－歸屬於非控制權益	0.3	0	0.84	0.01

台積電現金流量表（簡式）

（單位：億元）

	2017年 金額	2016年 金額
期初現金及約當現金餘額	5,413	5,627
營業活動之淨現金流入(流出)	5,853	5,398
投資活動之淨現金流入(流出)	-3,362	-3,954
融資活動之淨現金流入(流出)	-2,157	-1,578
匯率變動對現金及約當現金之影響	-213.2	-80.3
本期現金及約當現金增加(減少)數	121.4	-214.4
期末現金及約當現金餘額	5,534	5,413

作者簡介

謝劍平博士曾先後專職任教於國內外大學（美國克里夫蘭州立大學及國立政治大學），期間不斷在國內外重要學術期刊、國際會議及專業性雜誌（如 *The Financial Review*、*Financial Management* 等）發表論文多達三十餘篇，在學術研究上深獲肯定。其在實務上的歷練亦十分豐富，曾任財政部、國發會、勞動部與證券交易所各類型委員會委員等公益性職務，並經常性參與政策諮詢。而後投身金融經營與管理實務界，歷任中興綜合證券總經理、兆豐金控副總經理、中華電信財務長及中華投資董事長等職，將財務與管理充分融入實務應用中，曾主持過金融整併、主導大型公司財務管理操作、海內外併購與融資等實務，且長期負責新創公司股權投資業務，並多次出席海外 Road Show 和外商高階主管、外資機構經理人相互交換管理經驗，其豐富的閱歷及學識，最能符合教材「理論與實務充分結合」的需求，也因此獲得中國北京大學出版社、中國人民大學出版社的青睞，以簡體字在大陸出版，成為兩岸財金領域授課老師及莘莘學子的最佳選擇。

現職：台灣科技大學財務金融所教授、財團法人台北市高等教育基金會董事長、政治大學財務管理學系所兼任教授

經歷：中華投資董事長、中華電信財務長兼發言人、兆豐金控副總經理兼發言人及中興綜合證券總經理等職、政治大學財務管理學系所專任教授

學歷：美國俄亥俄肯特州立大學財務博士、密蘇里大學哥倫比亞分校企管碩士

著作：

・**專業財務領域書籍**：

1.《財務管理：新觀念與本土化》——授權中國人民大學出版社（簡體版）
2.《現代投資學：分析與管理》——授權中國人民大學出版社（簡體版）
3.《現代投資銀行》——授權中國人民大學出版社（簡體版）
4.《Investment Banking: in Greater China》（英文版）
5.《固定收益證券：債券市場與投資策略》——授權中國人民大學出版社（簡體版）
6.《期貨與選擇權》——授權中國人民大學出版社（簡體版）
7.《投資學：基本原理與實務》——授權北京大學出版社（簡體版）
8.《財務管理原理》——授權北京大學出版社（簡體版）

9.《經理人財務必修10堂課：創造公司價值的財務策略講義》——授權立信會計出版社（簡體版）
10.《國際財務管理：跨國企業之價值創造》
11.《財務管理及投資策略個案集》
12.《當代金融市場》
13.《財務報表分析》
14.《金融創新：財務工程的實務奧祕》
15.《財務報表分析概論》
16.《衍生性金融商品》
17.《金融機構管理概論》
18.《證券市場與交易實務》

- **專業經理人的思維潮流書籍：**

1.《關於人生的7項財務思考：7堂一定要懂的理財投資×人生規劃必修課》
2.《用簡單方法做複雜的事：文學與管理的對話》

財務鍊金術

作者	謝劍平
商周集團榮譽發行人	金惟純
商周集團執行長	郭奕伶
視覺顧問	陳栩椿
商業周刊出版部	
總編輯	余幸娟
責任編輯	林雲
封面設計	Javick
內頁排版	林婕瀅
出版發行	城邦文化事業股份有限公司-商業周刊
地址	104台北市中山區民生東路二段141號4樓
傳真服務	（02）2503-6989
劃撥帳號	50003033
戶名	英屬蓋曼群島商家庭傳媒股份有限公司城邦分公司
網站	www.businessweekly.com.tw
香港發行所	城邦（香港）出版集團有限公司 香港灣仔駱克道193號東超商業中心1樓 電話：（852）25086231傳真：（852）25789337 E-mail：hkcite@biznetvigator.com
製版印刷	中原造像股份有限公司
總經銷	聯合發行股份有限公司 電話：（02）2917-8022
初版1刷	2018年（民107年）8月
初版4刷	2021年（民110年）10月
定價	台幣380元
ISBN	978-986-7778-37-6（平裝）

國家圖書館出版品預行編目資料

財務鍊金術 / 謝劍平著. -- 初版. -- 臺北市：城邦商業周刊,
民107.08

面；　公分.

ISBN 978-986-7778-37-6（平裝）

1.財務管理　　2.財務分析

494.7　　107013734

金商道

The positive thinker sees the invisible, feels the intangible, and achieves the impossible.

惟正向思考者，能察於未見，感於無形，達於人所不能。 —— 佚名